纺织服装教育"十四五"部委级规划教材
中央高校基本科研业务费专项资金资助

Adobe Illustrator

服装效果图制作

编著 周洪雷 陈彦静婷

东华大学出版社

图书在版编目（CIP）数据

Adobe Illustrator服装效果图制作 / 周洪雷, 陈彦静婷 编著. -- 上海：
东华大学出版社, 2022.8

ISBN 978-7-5669-2099-7

Ⅰ. ①A… Ⅱ. ①周… ②陈… Ⅲ. ①服装设计－效果图－计算机辅助设
计－图形软件 Ⅳ. ①TS941.26

中国版本图书馆CIP数据核字(2022)第142258号

责任编辑 赵春园　高路路
封面设计 南　呱
版式设计 赵　燕

Adobe Illustrator服装效果图制作

编　著：周洪雷　陈彦静婷
出　版：东华大学出版社
（上海市延安西路1882号　邮政编码：200051）
出版社网址：dhupress.dhu.edu.cn
天猫旗舰店：http://dhdx.tmall.com
营销中心：021-62193056　62373056　62379558
印　刷：上海盛通时代印刷有限公司
开　本：787mm×1092 mm　1/16
印　张：12
字　数：308千字
版　次：2022年8月第1版
印　次：2022年8月第1次
书　号：ISBN 978-7-5669-2099-7
定　价：98.00元

前言

服装设计专业是一门艺术类学科专业，设计师需要掌握一定的美学素养和绘画能力。随着时代发展，Photoshop、Adobe Illustrator等绘图软件逐渐成为主力设计工具。掌握这类软件也是当下设计师的必备技能之一。

常见的 Photoshop 电脑效果图以手绘板绘制的风格为主，绘图的框架和线条主要依靠绘图者的绘画功底，再搭配 Photoshop 软件做出各种丰富的肌理，整体画面效果较细腻，层次也较丰富。Photoshop 手绘效果图更适合绘制插画或者是已经设计完成的服装。它的可修改性比较受局限。Adobe Illustrator 软件常作为绘制电脑服装款式图和效果图线稿的主力工具。实际上，它也可以像 Photoshop 一样，直接进行填色和填充图案，也有滤镜库和各种图片模式，可以在 Adobe Illustrator 软件中进行"线稿 + 填色"的完整效果图绘制。运用 Adobe Illustrator 软件绘制的电脑效果图，图稿内容可以随时调整和修改，具有优秀的灵活性。类似廓形的服装可以使用 Adobe Illustrator 软件进行快速的复制调整。这种线条和色彩的快速调整性使得 Adobe Illustrator 软件非常适合在创作设计或开发产品时使用。

本书将从 Adobe Illustrator 软件的基本界面和绘图工具、服装款式图绘制、效果图人体绘制、效果图着装等方面，多方位由浅到深地展示此软件的使用方法，除了让读者了解 Adobe Illustrator 软件，并通过学习具备使用此软件独立绘制电脑服装效果图的能力之外，连带讲解不同风格效果图、款式图对应的使用场景与实际应用功能。笔者有丰富的企业服装设计开发经验和各类服装设计大赛参赛经历，能够多维度地分享绘图、面料、设计流程等服装开发的心得体会。

本书可作为高等艺术院校服装设计专业学生学习软件应用的参考教材，也可作为时尚插画师、服装专业爱好者等相关专业从业者与爱好者的辅助参考用书。

东华大学

周洪雷　陈彦静婷

CONTENTS 目录

01

Adobe Illustrator 效果图种类与应用场景　06

02

Adobe Illustrator 软件特点与界面介绍　12

Adobe Illustrator 和 Photoshop 绘图手法及特征比较　14
Adobe Illustrator 软件界面介绍　15
Adobe Illustrator 各类窗口介绍　20
Adobe Illustrator 操作工具介绍　26

03

Adobe Illustrator 人体与五官绘制　52

Adobe Illustrator 人体比例　　53
Adobe Illustrator 人体绘制步骤　55
Adobe Illustrator 头部塑造　　62

04

Adobe Illustrator 不同材质的线条特点　78

软垂型面料　80
挺阔型面料　82
针织材质　　84
褶皱绘制　　89

05

Adobe Illustrator 面料填充与质感表现　100

纱质　　　　102
牛仔　　　　114
晕染花纹　　128
渐变渲染　　138
亮片材质　　145
毛皮与亮钻　150
粗花呢料　　162
丝绒材质　　171

06

Adobe Illustrator 作品欣赏　176

Adobe
Illustrator

效果图种类与应用场景

01

电脑时装效果图可以分为两个大类，即产品开发应用类与插画绘图表现类。

产品开发应用类以表达服装的整体形象为主，需要对服装的整体搭配进行描绘，同时考虑到产品开发的出图效率与及时修改的需求。其效果图以线条和色块为主，并搭配款式图交代细节。插画绘图表现类侧重装饰性需求，风格更加多元，配色构图及细节刻画都更加自由，着重表现作者的个人风格（图1-1）。

插画类效果图构图自由，注重视觉氛围营造

图1-1

　　产品开发类效果图可再度细分为企业开发和大赛投
稿两类。企业开发使用的效果图表现形式更加简洁，大
赛投稿类效果图对与细节和肌理的表达要求则更高。

大赛投稿类

　　大赛投稿类效果图既需要清晰
表达服装的廓形结构、色彩关系，
还需要注重细节与肌理表达、明暗
关系等（图1-2）。

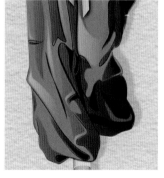

图1-2

大赛投稿类

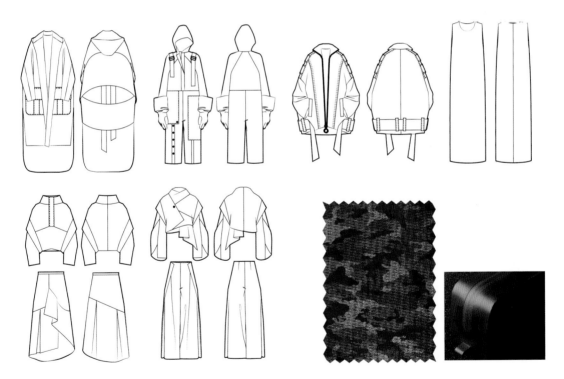

图1-3

　　大赛投稿类效果图除服装效果图以
外，还需要搭配服装款式图、面辅料参
考贴样等，以便对效果图进行补充说明
（图1-3）。

图 1-4   企业开发类

企业开发类效果图主要特点及作用（图 1-4）

1. 交代产品的轮廓比例，帮助版师理解款式

企业开发类效果图的用途是由图片转化为成衣服装（即"图→衣"），除了表达服装的款式、廓形、细节、颜色之外，更是设计师与版师进行制版过程的沟通工具。版师通过效果图体现的衣长、袖长、维度等产品信息了解设计师的设计意图，因此除了产品效果图的准确性不可忽略，产品设计效果图使用的人体比例 8~9 头身更接近常规。秀场走秀图片转化的时装画效果图（即"衣→图"），在已有的图片基础上进行绘制则不需要考虑实际制作比例的问题，美观性是最重要指标。因此，走秀图片转化的插画类时装效果图经常将人体比例夸张化，达到 10 头。

2. 直观展示整个产品系列的风格、色彩等，便于把握系列整体协调性

企业开发类效果图，一般用利落的色块和简单的线条表现出产品的整体搭配，模特的五官、发型、面料的肌理细节等都可以简化带过。其通过搭配面辅料样品以及款式细节图对产品细节进行补充。

Adobe Illustrator 在产品开发中的便利优势—— 快速变换色彩方案

　　Adobe Illustrator 绘图的每个部件都可以快速复制与重新编辑。不同于 Photoshop 的图层模式，Adobe Illustrator 中绘制的每个路径都具有独立性，即使在相同图层也可以对部件进行单独形状编辑与颜色修改（图 1-5）。

一组效果图可以通过快速复制和颜色替换，延伸出多个色彩方案

图 1-5

Adobe
Illustrator

软件特点与界面介绍

02

Adobe Illustrator 是美国 ADOBE 公司推出的专业矢量绘图工具。Adobe Illustrator 软件常用于印刷出版、海报书籍排版、专业插画、多媒体图像处理和互联网页面制作等设计制作。作为矢量图制作软件，Adobe Illustrator 制作图像具有不受分辨率限制、易修改调整、线条控制精度高等特点。Adobe Illustrator 软件设计的图像可以保证相同的图案在小到便签纸片、大至楼面广告上的效果一致，色彩不变并保证线条边缘清晰圆润。

同为 ADOBE 公司旗下的 Photoshop 软件和 Adobe Illustrator 软件同属绘图制作工具。Photoshop 是一款位图输出软件，需要根据所需图像的印刷尺寸设定相应大小的文件分辨率。当文件放大后，其边缘会出现锯齿状马赛克，影响画面质量（图 2-1）。

相同图案在 Adobe Illustrator 与 Photoshop 中放大后的图案边缘效果

Adobe Illustrator 绘制的矢量图无限放大后，边缘依然清晰

Photoshop 绘制的位图放大后的边缘逐渐模糊

图 2-1

Adobe Illustrator 和 Photoshop 绘图手法及特征比较

　　通过对 Photoshop 和 Adobe Illustrator 两者进行对比，我们可以总结如下：Photoshop 电脑效果图以手绘板绘制的风格为主，绘图的框架和线条更多依靠绘图者自身的绘画功底；Adobe Illustrator 可以使用各种几何图形、曲线工具等灵活组合搭配，能够快速绘制出所需图案，并且随时进行调整和修改，类似款型可以复制后在基型上微调后获得。

　　两款软件都可以进行色彩和图案填充，Adobe Illustrator 软件的优势在于快速进行套色变换，配色方案灵活，但色彩层次与融合度对比 Photoshop 略显逊色。Photoshop 的色彩方案调整对比 Adobe Illustrator 步骤更复杂，不够灵敏快捷。但 Photoshop 软件能够制做出各种丰富的肌理，整体画面效果较细腻，层次也较丰富，并且 Photoshop 的滤镜库能够对画面进行各种风格化处理（图 2-2）。Adobe Illustrator 虽然也有滤镜库和各种图片模式，但种类较 Photoshop 更单一。Photoshop 手绘效果图更适合绘制插画，或者是已经设计完成的服装，可修改性比较受局限。

　　两款软件各有优点，可以根据不同的设计需求选择适合的绘图工具，也可以两者互相搭配，使用 Adobe Illustrator 绘制线稿和底色，使用 Photoshop 完成表面肌理和明暗关系的处理。

Photoshop 滤镜处理后的绘制案例

图 2-2

Adobe Illustrator 软件界面介绍

提示

本书以 Adobe Illustrator 2021 版本为例。各版本部分功能有细微差别，但主要操作方式与工具使用方法基本相同。建议使用 Adobe Illustrator 2017CC 以上版本，较新版本的 Adobe Illustrator 软件添加了"自动保存"功能，避免软件闪退后文件丢失。

图 2-3

1 打开软件后，我们将进入 Adobe Illustrator 操作界面（图 2-3）。

Adobe Illustrator 软件与 Photoshop 软件同属一个公司，两款软件的操作界面以及编辑工具有很多相同之处。

2 进入 Adobe Illustrator 软件界面，点击"文件"——"新建"（图2-4）。

图2-4

3 新建文件后出现如下面板，面板左侧有各类原始设定好的常用文件规范尺寸，可以直接点击左侧面板，选择需要的尺寸后，单击右下角"创建"图标，完成文件创建（图2-5）。

图2-5

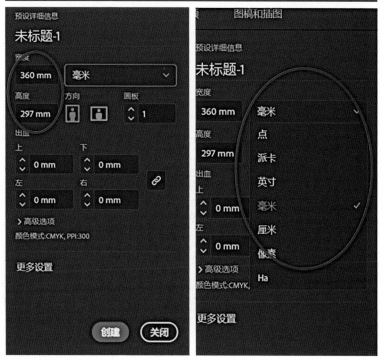

4 也可直接在新建文件面板右侧编辑栏中，直接输入所需要的文件尺寸，如右图设定为 360mm×297mm；点击单位设定栏，下拉可改变文件尺寸单位(图 2-6)。

图2-6

5 点击"更多设置"后，出现更详细的界面设置选项（图 2-7）。

点击"更多设置"后，出现以下设置面板

※ 画板数量：根据要制作的文件数量设定，画板数量超过 1 时，还可以在数值框右侧选择画板排列顺序（横排、竖排），还可以设置画板间距和画板列数。

※ 颜色模式：电脑浏览选择"RGB"模式，需要打印输出选择"CMYK"模式。

※ 栅格效果：一般设定在 72ppi ~ 300ppi 之间，数值越高，图像精度越高，同时文件也越大。

※ 打印输出：一般填 300ppi。

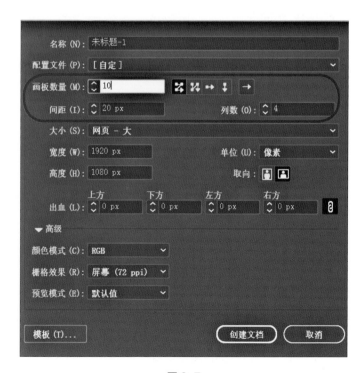

图 2-7

6 设定好尺寸数据后（图 2-8），对新建文件命名，完成文件创建。

图 2-8

图 2-9

7 之后，进入 Adobe Illustrator 绘图操作界面（图 2-9）。

※ 画板区：一般情况下，画板区为绘图区域，与 Photoshop 不同的是，Adobe Illustrator 在画板外也可进行图形绘制，图案导出时默认以绘制图形的边界区域为导出图片选区，在导出时勾选"使用画板"则导出画板边界内的图形图案。

※ 各类窗口面板：窗口面板没有固定界面，根据个人绘图需要和习惯可调用不同的工具窗口。

※ 工具栏：绘图使用基本工具。

Adobe Illustrator各类窗口介绍

点击菜单栏的"窗口",选择我们需要调出的工具窗口,下拉明细框中的左侧显示"√"则表示该窗口已打开(图2-10)。

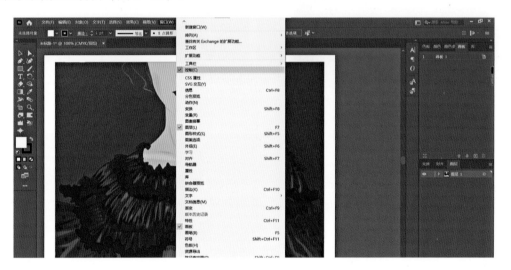

图2-10

调出的各类窗口会显示在软件界面的右侧,不需要的时候单击窗口右上角的"×"键,即可关闭窗口(图2-11)。

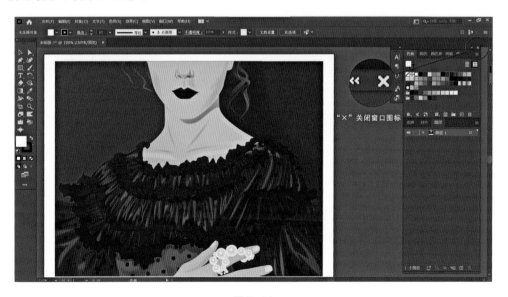

图2-11

图层面板

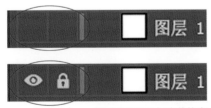

图 2-12

※ 单击"添加图层"按钮，可以新建图层；

※ 选中图层后，点击"删除图层"图标，可删除该图层；

※ 单击"切换锁定"按钮，可对该图层"上锁"与"解锁"，"锁状"图标显示表示当前图层已锁定不可编辑，"锁状"图标隐藏表示当前图层为可编辑图层（图 2-12）；

※ "眼睛"图标可用于切换图层可视性，"眼睛"图标显示代表该图层的所有图像为显示可见状态，"眼睛"图标隐藏表示当前图层所有图像隐藏不可见；

※ 按住鼠标不松开并拖动图层，可调整图层顺序（图 2-13）。

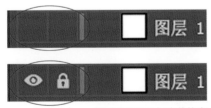

图层图标显示与隐藏状态

拖动图层，调整图层顺序，拖动时出现抓手图标

点击圆形图标，可选中该图层所有路径（可编辑状态未锁定）

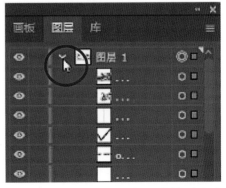

点击角标，可打开该图层下路径子菜单，每条路径均自动生成单独条目

图 2-13

画板窗口

※ 画板编辑图标见下图，如"新建画板""删除画板""重新排列所有画板"；可直接使用面板按钮，也可在窗口右上角█点击后进行编辑（图 2-14）。

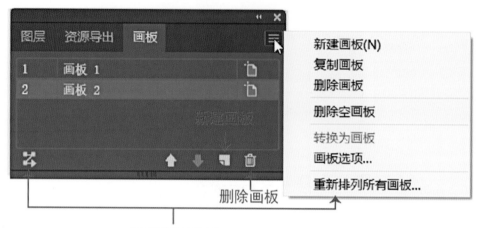

删除画板

重新排列画板

图 2-14

※ 双击画板窗口中的"编辑画板"图标，或双击操作界面左侧菜单栏中的"画板工具"，可调出画板编辑详细界面，根据要求自行设定画板参数（图2-15）。

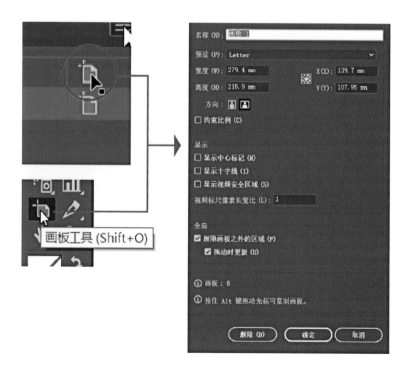

图 2-15

描边窗口（图2-16）

粗细：调整线条粗细程度

端点：线条两端形状，平头、圆头、方头
（平头、方头差异不大。平头为基本形，方头则在平头的两端加了两个方型端头。两者相似，但方头长度略长。）

平头

圆头

方头

边角：线条折角处轮廓形状

虚线：勾选虚线栏，在下方数值框内输入数值，可调整虚线点长与间距

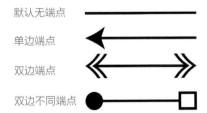

箭头：线段两端端点外观

默认无端点

单边端点

双边端点

双边不同端点

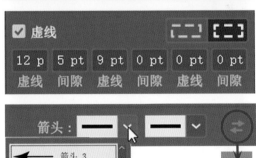

图2-16

配置文件

　　绘图时，选择合适的线条形状能让画
面更加流畅灵动，点击红圈中的方向标，
可改变线条外观水平/垂直方向（图2-17）。

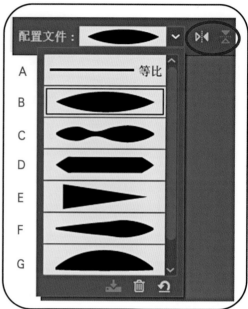

使用不同粗细及不同线条外观的绘图效果

使用常规单一直线线条的绘图效果

图2-17

透明度窗口

透明度窗口用于调整图像的透明度与图层模式。其主要用于绘图填色时，加强阴影和明暗刻画（图2-18）。

绘制效果图时常使用透明度绘制高光和阴影效果，左图中选中高光部分后，点击不透明度编辑调出数值移轴，滑动移轴并观察选区内图形的填色效果，调整到自己觉得合适的数值即可

图层属性面板各类选项和Photoshop一致

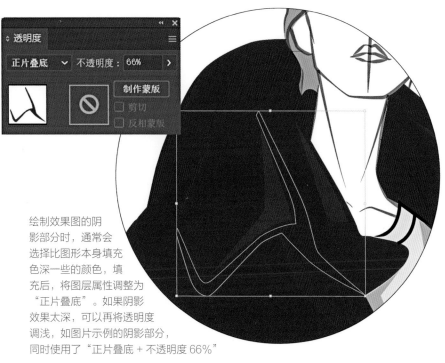

绘制效果图的阴影部分时，通常会选择比图形本身填充色深一些的颜色，填充后，将图层属性调整为"正片叠底"。如果阴影效果太深，可以再将透明度调浅，如图片示例的阴影部分，同时使用了"正片叠底＋不透明度66%"

图2-18

Adobe Illustrator操作工具介绍

工具箱

　　左侧界面的工具箱是我们绘图常见的各类工具。部分工具右下角显示"三角图标"。"三角图标"表示该工具有其他子工具选项，把鼠标移动到"三角图标"处，按住左键不松开即可看到子工具选项（图2-19）。

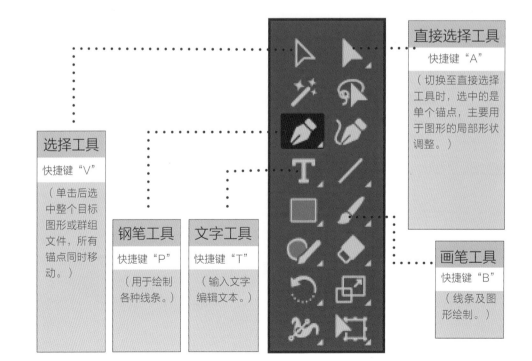

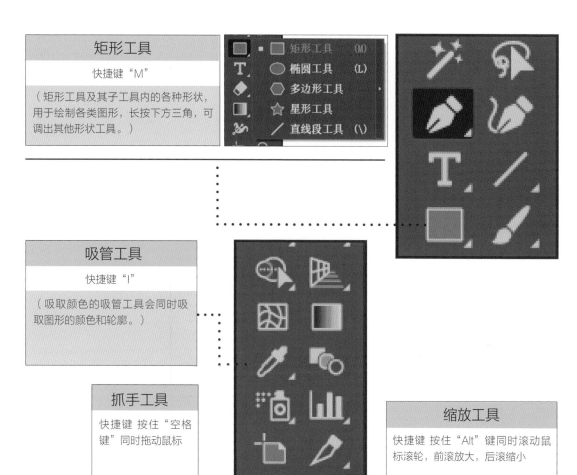

矩形工具

快捷键 "M"

（矩形工具及其子工具内的各种形状，用于绘制各类图形，长按下方三角，可调出其他形状工具。）

吸管工具

快捷键 "I"

（吸取颜色的吸管工具会同时吸取图形的颜色和轮廓。）

抓手工具

快捷键 按住 "空格键" 同时拖动鼠标

（抓取目标移动位置。）

缩放工具

快捷键 按住 "Alt" 键同时滚动鼠标滚轮，前滚放大，后滚缩小

（缩放画板画布。）

图 2-19

工具栏拓展

　　工具栏下方三个灰点标志为 "编辑工具栏" 选项，界面左侧工具栏默认状态下仅显示基础工具，打开 "编辑工具栏" 可以看见大量隐藏工具（图2-20、图2-21）。

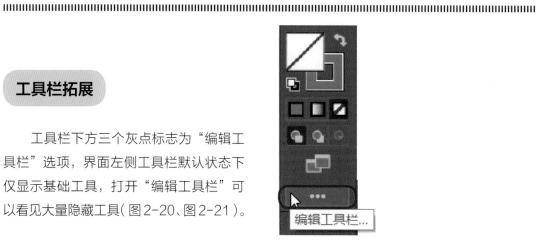

图 2-20

所有工具

🖊	路径橡皮擦工具	
〆	连接工具	
🖩	符号喷枪工具	Shi...
🪄	符号移位器工具	
⚙	符号紧缩器工具	
◎	符号缩放器工具	
◎	符号旋转器工具	
🖌	符号着色器工具	
⚙	符号滤色器工具	
🖉	符号样式器工具	
📊	柱形图工具	J
📊	堆积柱形图工具	
📊	条形图工具	
📊	堆积条形图工具	
📈	折线图工具	
📈	面积图工具	
📊	散点图工具	
🥧	饼图工具	
◎	雷达图工具	
🖊	切片工具	Shi...
🖊	切片选择工具	

显示：

点击"编辑工具栏"图标后，右侧展开所有隐藏工具界面

找到需要添加的工具，使用鼠标拖动该工具，
工具图标随鼠标移动

拖动至工具栏面板

完成工具添加

图2-21

画笔工具

两者使用画笔工具绘制线条时不同。Photoshop绘制线条，鼠标或手绘板的移动路径和最后成像完全一致，Adobe Illustrator则会自动对线条进行矫正（图2-22、图2-23）。

Adobe Illustrator 鼠标绘制线条时，可以看到人为手抖的情况

当绘制完成，松开鼠标的一刻，线条会自动调整，变得圆润顺滑

图 2-22

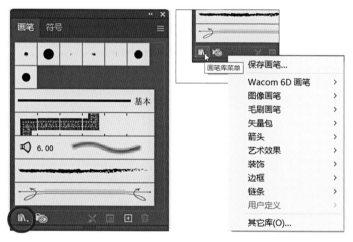

从软件界面上方菜单栏窗口中勾选调出"画笔"窗口

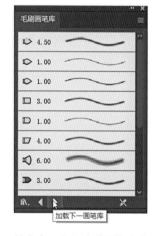

单击窗口左下方"画笔库菜单"，可调出拓展画笔库；直接点击左右方向键，可切换至下一画笔类目

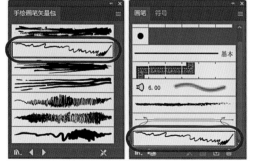

单击"毛刷画笔库"中的对应笔刷，该笔刷即可在"画笔"窗口中显示

图 2-23

如何使用画笔窗口中的选项

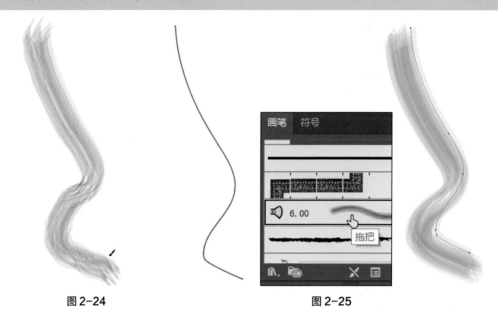

图 2-24　　　　　　　　　　　　　　图 2-25

　　方法一：选择"画笔工具"，直接使用鼠标或手绘板在画板上绘制线条（图 2-24）。

　　方法二：使用"钢笔工具"绘制路径——选中路径，单击"画笔"窗口中的画笔选项，该路径即变换为选中画笔形态（图 2-25）。

如何创建自定义画笔

案例示范

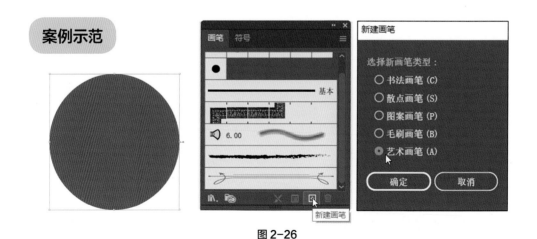

图 2-26

　　绘制一个圆形，选中形状，单击"画笔"窗口下方的"+"图标新建画笔；单击后弹出画笔类型窗口（图 2-26），绘制效果图通常使用散点画笔、图案画笔、艺术画笔三种。

散点画笔： 绘制形状的路径分布

1 选中绘制的圆形路径，单击"新建画笔"——"散点画笔"——确定——弹出数值编辑栏，直接点击"确定"生成画笔（图2-27）。注意此时左下方无"预览"选项。

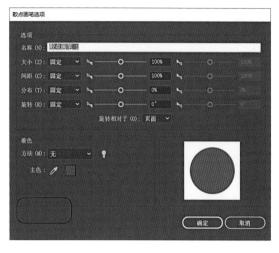

图 2-27

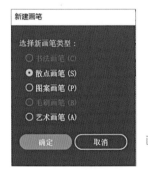

图 2-28

2 随意绘制一条路径，观察建立的画笔形态，选中路径，点击窗口中的对应画笔，可以看到画笔状态，如需调整画笔，双击面板中的对应画笔，可调出编辑选框（图2-28）。

3 双击重新调出的编辑面板中所增加的预览选项，勾选预览后调节杠杆，即可调整画笔中的形状、间距及分布等（图2-29）。

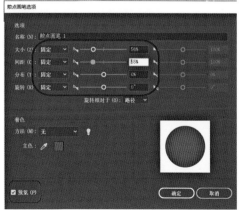

图 2-29

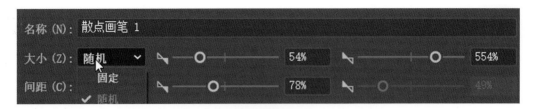

图 2-30

4 每个参数都有"随机"与"固定"两种选择。选择"随机"时，最右侧原本灰暗不可编辑的调剂杠杆转化为可编辑。该杠杆表示为"随机"效果设定一个变化的范围，在该范阈值内进行随机的大小、间距等变化（图 2-30）。

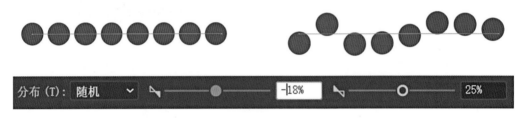

图 2-31

5 调整"分布"的随机参数，可以将原本沿路径均匀排布的图形呈现散点状态（图2-31）。

6 旋转形态有"路径"与"页面"两种形态，通常选择"路径"选项。"路径"选项表示画笔形状的方向与路径的方向保持一致（图 2-32）。

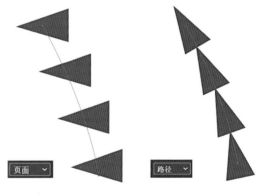

图 2-32

7 调整参数完毕后单击确定，弹出右图中的提示框，选择"应用于描边"，完成画笔参数调整（图 2-33）。

图 2-33

艺术画笔： 沿路径长度均匀拉伸画笔形状或对象形状

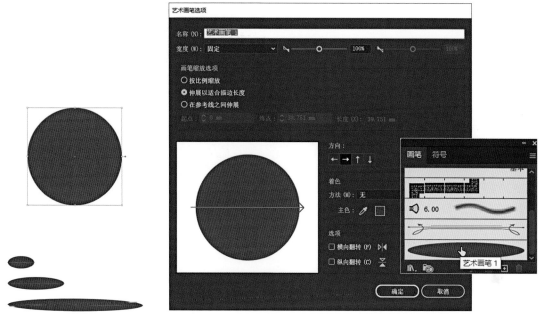

图 2-34

　　使用同一个圆形形状建立"艺术画笔"，图中画笔窗口可以看到建立的圆形艺术画笔，预览显示形状被拉伸。绘制三种不同长度的路径，同时变换为圆形画笔。从图中可以看到路径，绘制拉长，圆形也随着路径的长度被拉长（图 2-34）。

图案画笔： 其和散点画笔通常可以达到同样的效果

　　调节杠杆可变换画笔大小，翻转可调整图案的方向（图 2-35）。

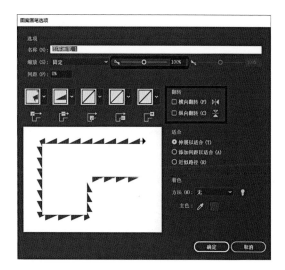

原始图案为非对称图形

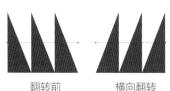

翻转前　　　横向翻转　　　纵向翻转

图 2-35

钢笔工具

钢笔工具是 Adobe Illustrator 软件中最重要，也是使用频率最高的工具。其原理与 CorelDRAW 中的贝塞尔曲线工具原理一致，都是通过锚点的位置和曲线弧度、方向来控制线条的形状，从而得到我们需要的线条轮廓（图2-36）。

Adobe Illustrator 软件中钢笔工具的使用方法和 Photoshop 软件基本一致。

1 使用钢笔工具绘制直线：

选中"钢笔工具"（或在英文输入法状态下单击快捷键"P"），点击画面中任意空白两点，可形成两点间直线。

单击建立锚点后，按住"Shift"键并在空白处建立第二个锚点，可根据落点处方位绘出水平线、垂直线和 45°角斜线。

单击后松开鼠标左键继续点击空白处，可继续形成新的连续线段。单击形成锚点后松开鼠标，界面会显示钢笔光标及方向辅助线条。完成线条绘制后，不需要再添加锚点，按"回车"键结束绘制。

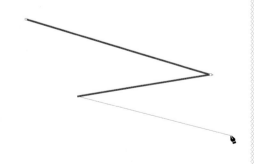

2 使用钢笔工具绘制弧线：

单击初始点松开鼠标，找到第二个锚点落脚位置后，点击鼠标左键不松手并拖动鼠标。调节杠杆，随着鼠标移动对弧线进行曲线调节，调整到需要的弧度后，松开鼠标完成两点间弧线绘制。接下来可以继续进行其他锚点弧线的绘制，绘制线条后单击"回车"键进行收尾。

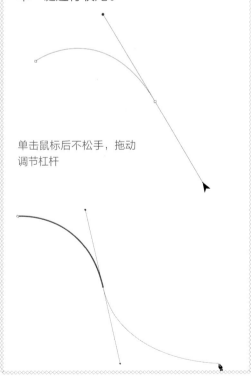

单击鼠标后不松手，拖动调节杠杆

图2-36

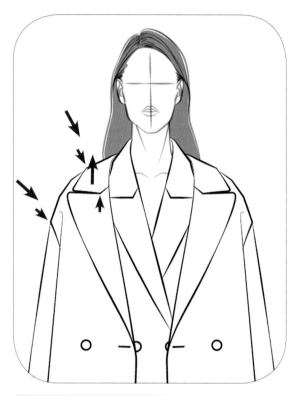

折角线条

3 钢笔工具绘制线条时，每个锚点默认形成平滑的弧线。以左图为例，线稿有不少部位需要由折角线组成。绘制线条时画完一段流畅的弧线，在某个锚点位置要转化为折角线条时，按住"Alt"键，绘图杠杆则变为折角。出现折角即表明已经改变曲线绘制方向，可以绘制折角线条（图2-37）。

全程按住"Alt"键不放，直到鼠标找到折角需要的角度为止。

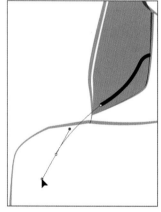

没按"Alt"键，锚点默认形成圆顺弧线

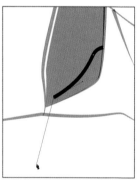

按住"Alt"键，锚点处切换为折角

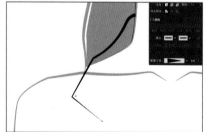

完成线条，使用"描边"——配置文件，选择合适的线条轮廓形状

图2-37

已经绘制完成的线条需要重新调整曲线，请参考如下操作：

使用"直接选择工具"（快捷键"A"），单击需要调整的锚点，出现调节杠杆后可重新调整曲线。按住"Alt"键拖动杠杆，可进行单边杠杆调节。

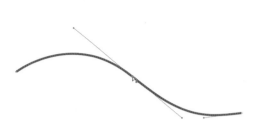

图2-38

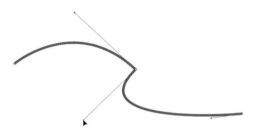

图2-39

1 调整锚点位置、弧线曲度，直接选择工具（快捷键"A"）点击锚点后，出现调节杆即开始调节（图2-38）。

2 弧线调整折角：直接选择工具（快捷键"A"）点击锚点后，按住"Alt"键拖动鼠标调整杠杆进行单边调节（图2-39）。

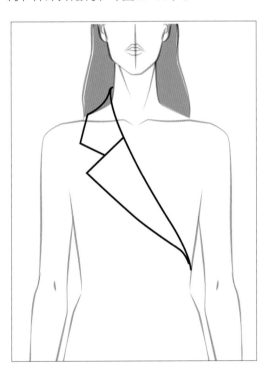

图2-40

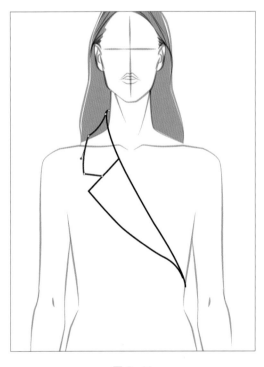

图2-41

用钢笔工具画出大致形状后，觉得造型不满意可继续调整（图2-40）。

调用直接选择工具（快捷键"A"），使用鼠标拖动锚点与杠杆，对锚点位置、弧线形状进行拖拽调整（图2-41）。

钢笔工具下设"添加锚点工具""删除锚点工具""锚点工具"（图2-42）。在实际应用中，钢笔工具可直接兼容子工具功能。

图2-42

1 用"直接选择工具"（快捷键"A"）选中线条；

2 将"钢笔工具"移动到线条处，钢笔工具右下角图标由"*"号变为"+"号，点击后在该处可增加锚点；"钢笔工具"移动到锚点位置时，图标变为"-"号，此时单击锚点则可将该锚点删除（图2-43）。

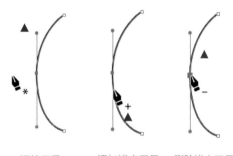

钢笔工具　　　添加锚点工具　　　删除锚点工具

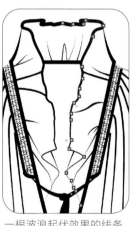

一根波浪起伏效果的线条，由多个锚点构成

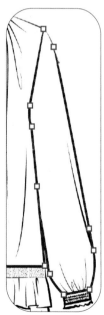

锚点越少，线条越干净利落

图2-43

手绘草图或在网上找到照片素材均可,将照
片导入 Adobe Illustrator 进行描图练习

图 2-44

钢笔工具的重要性与练习方式

　　Adobe Illustrator 软件操作过程中
几乎每一步都离不开钢笔工具的协助,因
此需要各位同学通过大量的练习,进而熟
练操作钢笔工具。练习初期,建议同学们
找一些服装的照片进行描图训练,一方面
以照片为基准练习调节锚点位置和线条轮
廓,另一方面经过大量练习,也可辅助大
家了解绘图时服装的结构特点以及褶皱的
产生规律(图 2-44)。

描图示范

练习步骤建议

　　描图练习—— 对照图片临摹——脱
稿创作

形状生成器工具

使用"形状生成器工具"，可以将绘制的多个简单图形合并为一个复杂的图形，还可以分离、删除重叠的形状，快速生成新的图形（图2-45）。

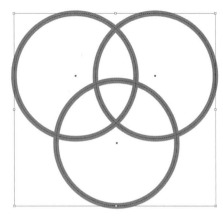

绘制出三个相交的圆形

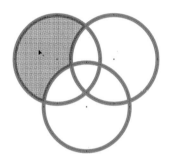

单击"形状生成器"图标后，将鼠标光标移动到路径上方，路径内部显示成灰色网格状且光标变为黑色指针

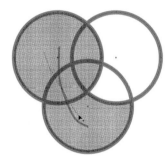

选定位置后，单击鼠标按住不放并拖动鼠标，此时光标会随着鼠标移动画出移动轨迹

松开鼠标，所有移动轨迹经过的地方将直接形成合并路径

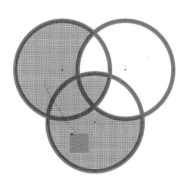

拖动鼠标＋按住"Alt"键不放，鼠标轨迹经过的地方将被去除

轨迹经过的区域被删除

合并路径时，鼠标光标黑色箭头右下角显示"＋"号

按住"Alt"键拖动鼠标删减路径时，鼠标光标黑色箭头右下角显示"－"号

图2-45

吸管工具

Photoshop 软件中的吸管工具吸取颜色后能够在选区中填充。Adobe Illustrator 的吸管工具则可以同时吸取图形颜色和轮廓形状。

如右图有两个图形，设定现在需要将原图形的方形变成吸取对象的颜色（图 2-46）。

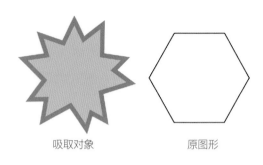

吸取对象　　　　　原图形

图 2-46

1 先使用"选择工具"（快捷键"V"）选中**原图形**，然后点击工具栏的"吸管工具"，使用吸管工具点击**吸取对象**，可以看到当吸管放到吸取对象上时会出现"吸管"指示标（图 2-47）。

吸取对象

图 2-47

2 出现吸管指示标后，单击鼠标完成吸取效果的同时，选中的**原图形**同步实现效果变换。

最终效果：可以看见原图形除了内部填充色变为**吸取对象**的红色，轮廓也从原来的黑细边框变成了**吸取对象**的黄色粗边框（图 2-48）。

吸取后原图形

图 2-48

旋转工具与其子工具栏中的镜像工具使用方法基本一致：①直接使用"选择工具"，选择需要调整的目标图形；②双击"旋转工具"/"镜像工具"图标，调出参数编辑框；③输入具体参数。

快捷键操作步骤：①切换快捷键"V"后单击目标图形；②点击快捷键"R"调用旋转工具，点击快捷键"O"调用镜像工具；③单击"回车"键，调出参数编辑框。

旋转工具与镜像工具

"旋转"编辑框

图 2-49

"镜像"编辑框

图 2-50

"旋转"编辑框比较简单清晰，只需要在角度框中输入需要的角度数值即可（图2-49）。

"镜像"编辑框中，通常角度默认为"0°"，只选择轴选项（图2-50）。

※ 水平（H）：表示图形上下镜像

※ 垂直（V）：表示图形左右镜像

选择轴选项后，单击"确定"表示当前选中图形自身进行方向变换。

单击"复制"则表示原图形不变的同时，以原图形为基准复制出一个变方向的图案。以图形A为示例进行镜像操作示范（图2-51、图2-52）。

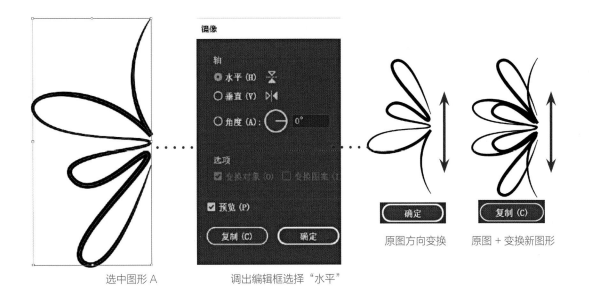

选中图形A　　　　　调出编辑框选择"水平"　　　原图方向变换　　原图 + 变换新图形

图 2-51

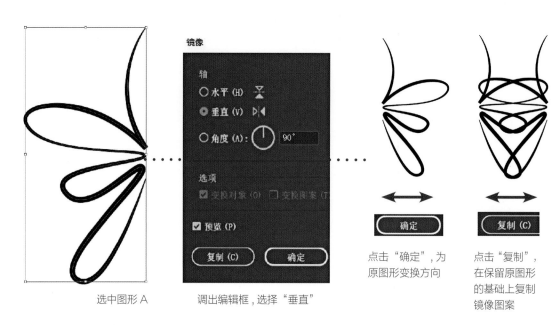

选中图形 A　　　　调出编辑框，选择"垂直"　　　点击"确定"，为　点击"复制"，
原图形变换方向　在保留原图形
的基础上复制
镜像图案

图 2-52

水平和镜像工具的默认中心点为正中心点

编辑时可增加步骤，调整变换中心点（图 2-53）：

选中图形后单击水平 / 镜像工具图标（或单击快捷键）；
按住"Alt"键不放，点击目标中心点位置（此时鼠标点击的位
置为新的中心对称点）；调出编辑框后，再松开"Alt"键。

默认中心点

提示

更改中心点操作时，新手不容易找准目标中心点
位置，建议还是在原位变形后，再将图形拖移到目标
位置，比较直观且方便。

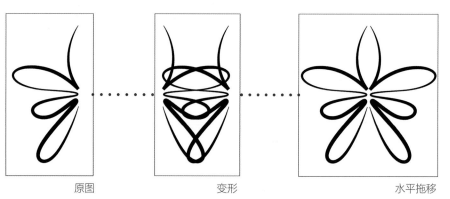

原图　　　　　　　　变形　　　　　　　　水平拖移

图 2-53

效果图应用案例（图2-54）

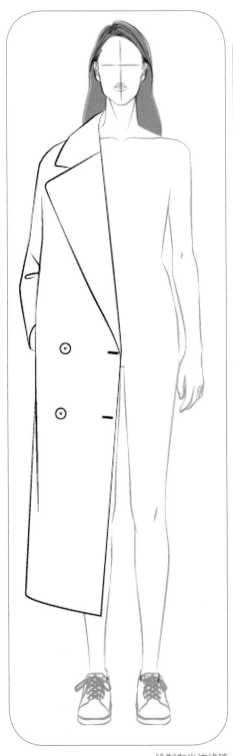

绘制左半边线稿

镜像复制出右半边　　将复制图形水平移动到到右侧

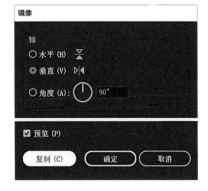

图2-54

复制与缩放

1 复制（图2-55）

方法一：

选中图形后，上方菜单栏"编辑"——"复制"，"编辑"——"粘贴"

（选中图形后，点击快捷键"Ctrl+C"复制、"Ctrl+V"粘贴）。

方法二：

使用选择工具（快捷键"V"）选中图形后，按住"Alt"键不松开直接拖动图形到空白处，可直接完成图案再制。（注意按"Alt"键和拖动鼠标顺序，先按"Alt"后点击鼠标，拖动图案到空白处后，先松开鼠标再松开"Alt"键。）

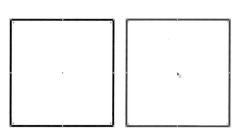

按住"Alt"键拖动鼠标时，再制图形会呈现蓝色虚拟轮廓。

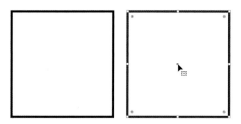

移动到目标位置后松开鼠标，蓝色虚拟轮廓变为原样，同时按住"Shift"和"Alt"键，可让图形在水平或垂直方向上复制。

图2-55

2 缩放

从菜单栏窗口中调出"变换"窗口，使用选择工具（快捷键"V"）单击画板中任意图形，使"变换"窗口切换到可编辑状态，勾选"缩放圆角"与"缩放描边和效果"，一般在第一次使用软件时勾选即可（图2-56、图2-57）。

图2-56

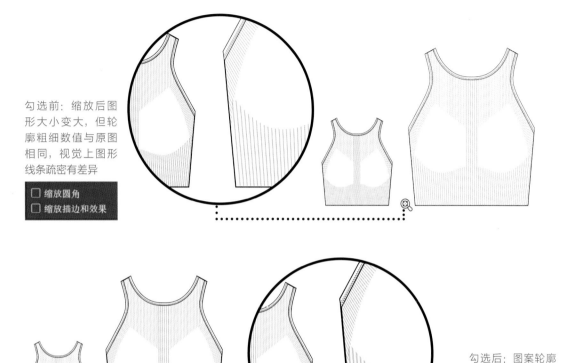

勾选前：缩放后图形大小变大，但轮廓粗细数值与原图相同，视觉上图形线条疏密有差异

☐ 缩放圆角
☐ 缩放描边和效果

勾选后：图案轮廓粗细与形状大小等比放大，间隙与图案不变形

☑ 缩放圆角
☑ 缩放描边和效果

图2-57

※ 缩放方法（图2-58）

　　选中图形后按"Shift"键可等比放大或缩小图形，缩放中心为左上角。

　　同时按住"Shift+Alt"键可以等比放大或缩小图形，缩放中心在正中。

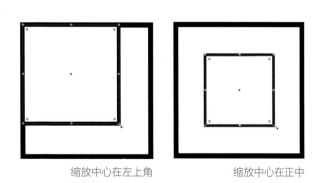

缩放中心在左上角　　　　缩放中心在正中

图2-58

填色工具

Adobe Illustrator 软件填色工具由左上的实心方型和右下的空心方框组成（图2-59）。实心框为图形内部填色，空心方框为描边颜色。

英文输入状态下，按住快捷键"D"可恢复默认填色状态（白底黑边）。

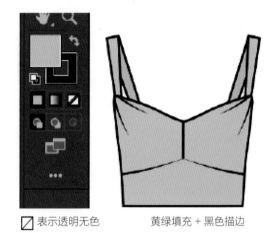

☒ 表示透明无色　　　　黄绿填充 + 黑色描边

图2-59

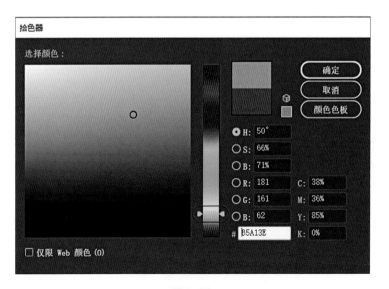

图2-60

双击填色框/描边框，调出"拾色器"面板，滑动中心彩色色条的角码可调整左侧颜色面板，点击颜色面板选取颜色即可。

也可在右侧数值框直接输入色彩数值后，单击"确定"按钮完成选色（图2-60）。

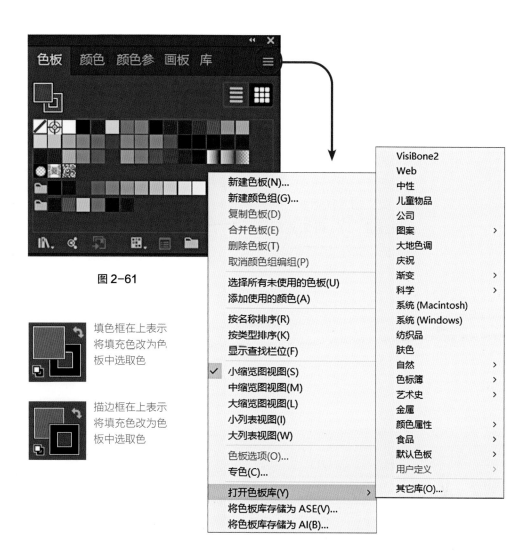

图 2-61

填色框在上表示
将填充色改为色
板中选取色

描边框在上表示
将填充色改为色
板中选取色

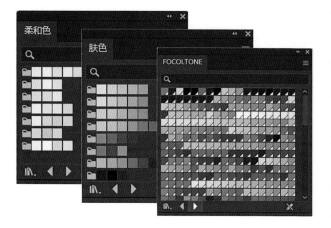

图 2-62

除双击填色框调整填充颜色，还可以直接从色板窗口选取所需填充色。

色板窗口通常在操作界面右上方，若未开启，可在菜单栏"窗口"中勾选开启。

点击色板右上方角标，选择"打开色板库"可扩充色板选项（图2-61）。

肤色色卡、纺织品色卡、PANTONE 色卡及各类渐变色卡均可选取（图2-62）。

快速调整色彩

设计过程中，同一份设计稿可能需要变换多种色彩方案进行效果比对（图2-63）。如果图形色块多且路径复杂，手动选择路径变换颜色费时费力、效率低下，快速调色仅需几步即可迅速变换色彩方案。

图2-63

方法一：重新着色图稿

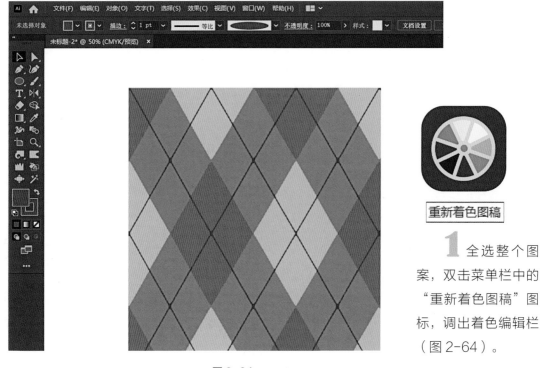

图2-64

重新着色图稿

1 全选整个图案，双击菜单栏中的"重新着色图稿"图标，调出着色编辑栏（图2-64）。

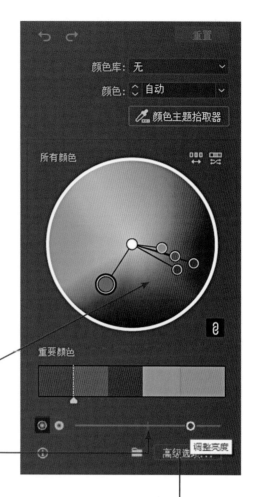

2 使用鼠标拖动色彩转盘的色彩
调节杆，可以对整体画面进行色调（色
相）变换。

　　下方横向调节杆可左右滑动，以调
整亮度。

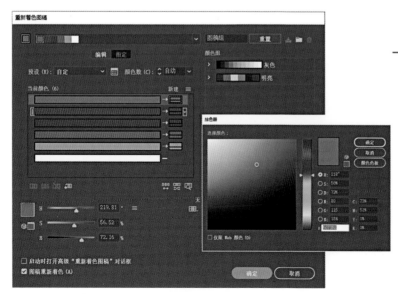

3 双击"高级选
项"可调出单色编辑选
框，图案中所有色彩以
单独色标的方式呈现；
双击右侧色标调出"拾
色器"，可对图案中该
色进行色彩调整，也可
单击选中后直接在下方
变色轴中直接调节（图
2-65）。

图 2-65

方法二：调整色彩平衡

1 全选整个图案，单击菜单栏"编辑"——"编辑颜色"——"调整色彩平衡"，以调出色彩平衡编辑栏（图2-66）。

图2-66

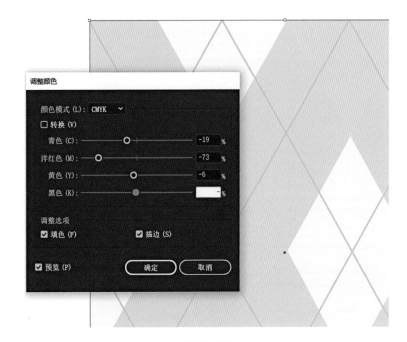

2 左右拨动调节杠杆即可进行色彩调节。勾选左下方"预览"，即可实时观察色彩变化形态（图2-67）。

图2-67

渐变工具

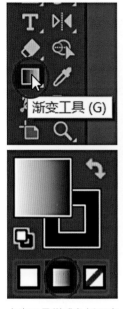

点击工具栏或色板下方
的渐变图标，都可调用
渐变工具

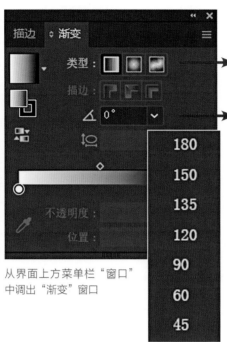

从界面上方菜单栏"窗口"
中调出"渐变"窗口

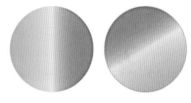

渐变类型：
线性、径向、任意渐变

渐变角度：
不同形状吸取同一个渐
变色块，通过调整渐变
角度可以得到丰富的画
面效果

相同渐变不同角度效果

双击渐变滑块可以
调出色彩面板，以
更改滑块颜色

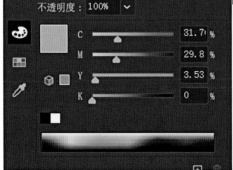

单击渐变色块下端可增加渐变滑块，选中滑块后
点击"垃圾桶"图标可删除滑块

图 2-68

Adobe
Illustrator

人体与五官绘制

03

Adobe Illustrator 人体比例

人体是我们绘制时装效果图的基础工具。手绘时装效果图的每一张图稿都必须重新起笔。电脑时装效果图使用人体模板可以快速提高绘图效率，将工作的重心聚焦在设计创作当中。

绘制人体时，需要确保比例在美化的基础上不过于夸张失真，找到两者的平衡才能在保证效果图漂亮外观的同时准确表达款式信息。9 头身是女性人体效果图的基准比例，根据绘图目标的不同也可适当微调（图 3-1）。作为产品研发使用的效果图一般以 8 ~ 8.5 头为基准。时装画的人体效果图偏重美观，一般以 9 ~ 10 头身为基准。

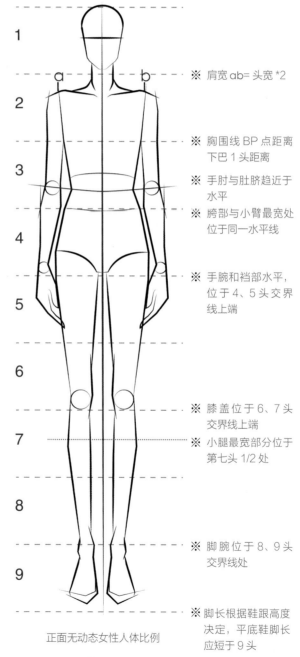

※ 肩宽 ab= 头宽 *2

※ 胸围线 BP 点距离下巴 1 头距离

※ 手肘与肚脐趋近于水平

※ 胯部与小臂最宽处位于同一水平线

※ 手腕和裆部水平，位于 4、5 头交界线上端

※ 膝盖位于 6、7 头交界线上端

※ 小腿最宽部分位于第七头 1/2 处

※ 脚腕位于 8、9 头交界线处

※ 脚长根据鞋跟高度决定，平底鞋脚长应短于 9 头

正面无动态女性人体比例

图 3-1

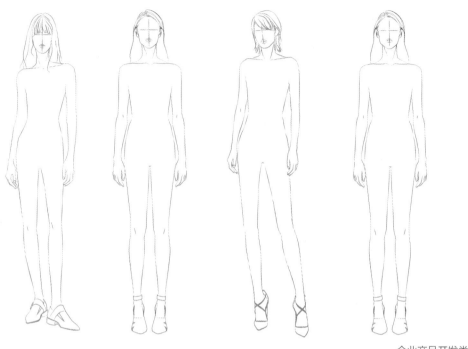

企业产品开发类

图 3-2

比例接近真人模特，头部、五官等可以简略描绘（图 3-2）。另外，可根据设计
服装的风格调整发型与鞋袜款式（图 3-3）。

使用人体模板快速绘制着装效果图

图 3-3

Adobe Illustrator 人体绘制步骤

图 3-4

本书以 Adobe Illustrator 软件的使用方法为重点。时装人体的具体比例结构、动态原理在专业课程前期的手绘与设计类课程已有学习，在此不作过多的讲解。本小节将直接进行人体绘制的具体制图步骤讲解。

新建文件后，打开图层面板建立两个图层，命名为"线稿"与"上色"（图 3-4）。绘制线稿时，建议将上色面板"锁定"，避免线稿误画到其他图层而导致后期需要重新调整。

建立比例参考线：

方法一：在菜单栏"视图"中勾选"标尺"——"显示标尺"。

| 标尺(R) | > | 显示标尺(S) | Ctrl+R |
| 隐藏文本串接(H) | Shift+Ctrl+Y | 更改为画板标尺(C) | Alt+Ctrl+R |

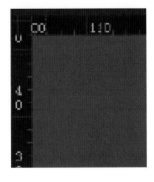

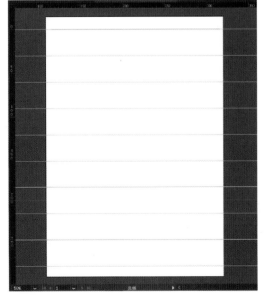

单击鼠标不放，从"标尺"位置可以直接拉出蓝色标尺线，上方与左方标尺显示数字尺寸，依照尺寸数据可确定标尺线位置(图 3-5)。

图 3-5

方法二：新建"参考线"图层，画一条直线后，按住"Alt"键下拉复制 9 条，确定最上端和最下端线条位置，使用对齐工具等分为 9 份（图 3-6）。

两种方法皆可，可按自己的绘图习惯选择。

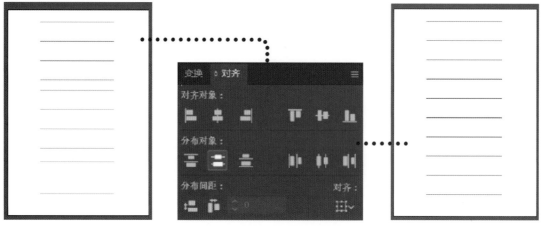

随意下拉复制，间隔不一致　　框选所有线条后，应用"垂直居中分布"　　应用后，所有线条均等分布

图 3-6

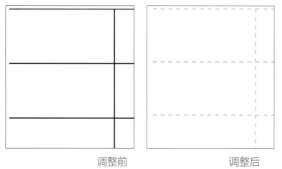

调整前　　　　　调整后

依据自己的绘图习惯，可以将辅助线改为虚线、变换颜色以及调整透明度（"透明度"窗口，图 3-7）。

图 3-7

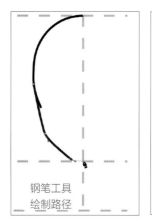
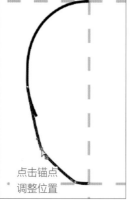

钢笔工具
绘制路径　　　点击锚点
调整位置

1 使用钢笔工具画出头部半侧轮廓线条。不需要一笔到位，先画出轮廓的大概形状后，可再使用直接选择工具（快捷键"A"），点击拖动锚点调整轮廓形状直至满意（图 3-8）。

图 3-8

使用矩形工具确定结构点位置

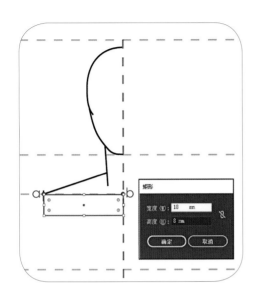

图 3-9

![提示]

绘制人体时需要设定"两个头宽、1.5个头长"等数据的长、宽定位点，设定长度、宽度可借助"矩形工具"实现定位。如图 3-9 中，半个头宽为 8.5mm，因肩宽略大于两个头宽，则肩点 a 到中线 b 处的距离需设定为 18mm，根据比例绘制一个宽度为 18mm 的矩形即可对应找出肩部端点，确定好对应点位后删除矩形即可。

2 选择矩形工具后，在画板空白处单击（勿拖拽）调出选框输入数值。

使用简单的几何图形和直线画出半边人体（图 3-10）。

绘制图层：参考线图层

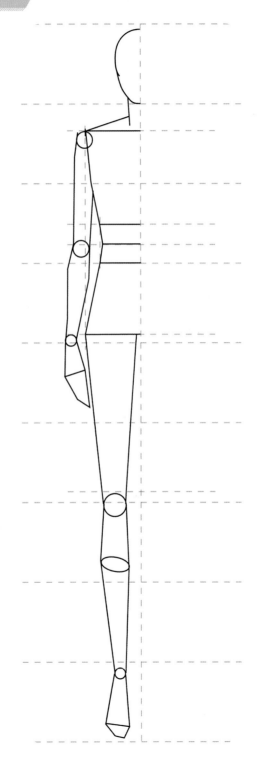

图 3-10

调整几何半边人体透明度为半透明，或将颜色调成淡灰色，锁定参考线图层。

3 使用"钢笔工具"画在"线稿"图层进行轮廓绘制。边画边使用描边窗口中的配置文件调线条外观轮廓，具体绘制方法见第二章。

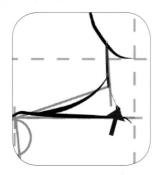

选中左侧人体（快捷键"V"）

镜像工具（快捷键"O"）

轴：垂直

单击"复制"按钮

按住"Shift"键水平移动复制图形到右侧

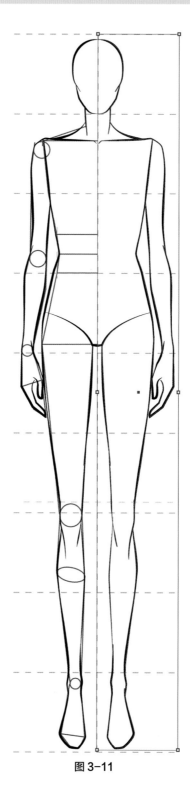

图3-11

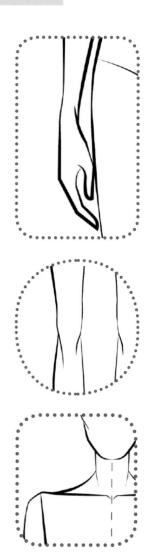

使用"描边"——"配置文件"调整线条轮廓。不同外观轮廓的线条让画面更加活泼灵动，同时也能利用线条的粗细变化表达肌肉线条和骨骼节点的穿插关系（图3-11）。

使用"实时上色"填色法给人体上色

4 线稿绘制完成后，按住
"Alt"键拖动复制出一个新的人体。
复制的人体用于填色。

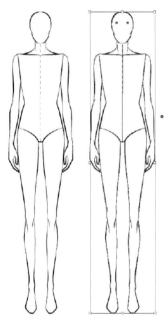

图3-12

检查复制出的线稿中有没有未贴合的曲
线，确保轮廓线条全部贴合（图3-12）。

※ 原线稿不需要调整，没有闭合也可
以。

※ 填色线稿只要视觉上围合成一个完
整轮廓就可以，可以是一条闭合路径，也可
以是好几条分开的路径搭在一起。

※ 全选后，点击"Ctrl+G"将线稿群组。

※ 顶端菜单栏中点击"对象"——"实时上色"——"建立"（快
捷键"Alt+Ctrl+X"，图3-13）。

图3-13

提示

"实时上色"建立完毕，因为原线稿的线条有粗细变化的形态，建立"实时上色"轮廓只能是默认基础线条。所有非基本直线的轮廓建立"实时上色"时，界面都会出现下列提示框，点击"确定"即可（图 3-14）。

图 3-14

"实时上色"建立后：

※　填色稿路径恢复成默认基本线条。

※　此时的路径可以直接使用油漆桶快速填色。

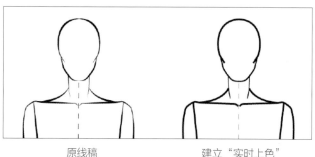

原线稿　　　　　　　建立"实时上色"
　　　　　　　　　描边恢复成基本轮廓

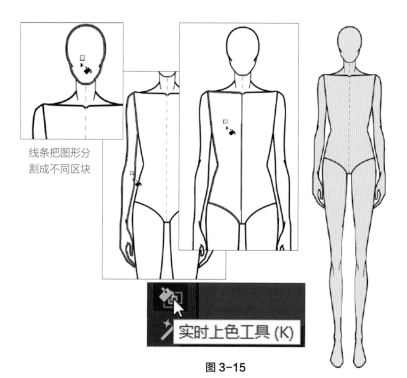

线条把图形分割成不同区块

实时上色工具 (K)

图 3-15

建立"实时上色"后，此时我们将鼠标光标移到图形中可以发现，线稿被分成了不同的区块；在色板中选好填充色，调出"实时上色工具（快捷键"K"）"，鼠标移动到要填色的部位，直接单击就可以填色（图 3-15、图 3-16）。

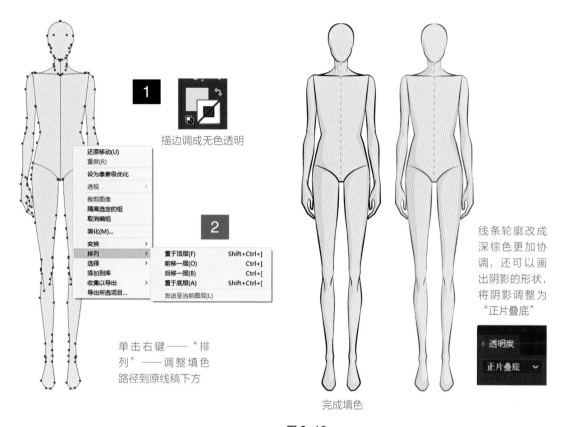

描边调成无色透明

线条轮廓改成
深棕色更加协
调，还可以画
出阴影的形状，
将阴影调整为
"正片叠底"

单击右键——"排
列"——调整填色
路径到原线稿下方

完成填色

图 3-16

"实时上色"和普通填色的区别

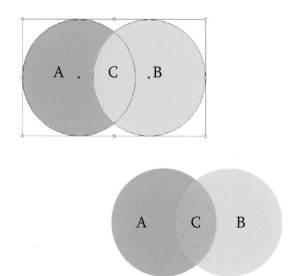

图 3-17

提示

普通填色工具和"实时上
色"工具的不同之处在于：普
通填色只能控制一条路径自身
的颜色，左图中 A、B 分别是
两个相交的路径，普通填色状
态下相交部分 C 无法单独进行
色彩填充；建立"实时上色"后，
所有线条分割的区块都可以形
成独立的填色个体，从而进行
色彩填充（图 3-17）。

Adobe Illustrator 头部塑造

　　头部的塑造可以分为发型和五官两个部分。本节将示范头部的绘制步骤，涵盖发型、五官、妆容等（图 3-18、图 3-19）。

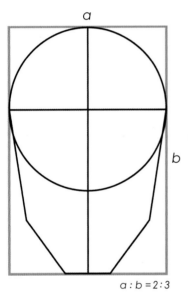

$a : b = 2 : 3$

三庭五眼

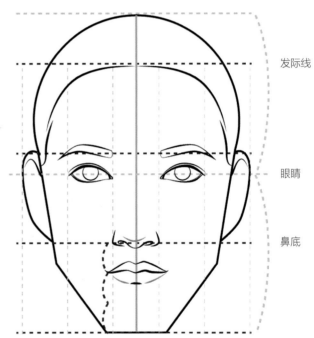

发际线

眼睛

鼻底

* 眼睛位于整个头部的二分之一处；
* 定好发际线位置后，发际线到下巴三等分，
  三等分处分别为眉毛、鼻底、下巴；
* 鼻底向下三分之一处为嘴的位置；
* 耳朵位于三庭的中部；
* 头宽＝眼睛 *5；
* 鼻子与眼睛同宽。

图 3-18

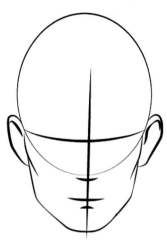

画出头部轮廓

使用"钢笔工具"和配置文件勾勒出
五官（钢笔工具具体用法见第二章）

1 新手若对五官无法
下笔，建议先手绘基本轮廓
后拍照导入，进行描摹练习，
描摹3～5张后开始尝试直
接电脑绘制。

描边使用配置文件参数

上眼皮包裹眼珠，画好眼
珠后，要将上眼皮文件位置
调整到眼珠上方

勾勒五官时要注意线条的穿插关系

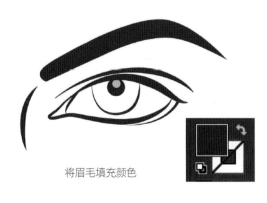

将眉毛填充颜色

填充色彩后从上方菜单栏处选择"效果"——"风
格化"——"羽化"

图3-19

2 输入羽化半径参数，羽化参数根据图案大小以及目标效果而变化，并非固定数值，需要大家自行调试。案例中经过调整后以 0.2mm 为最终数值（图 3-20）。

图 3-20

建立渐变色卡

点击工具栏或色板下方的渐变图标都可调用渐变工具

从界面上方菜单栏"窗口"中调出"渐变窗口"，双击渐变滑块可以调出色彩面板，从而更改滑块颜色。单击下拉"不透明度"，可调整当前锚点处色块的不透明度（图 3-21）。

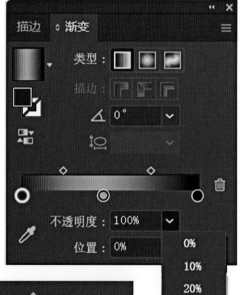

单击渐变色块下端可增加渐变滑块；
选中滑块后点击"垃圾桶"图标可删除滑块

图 3-21

选中渐变滑块

图 3-22

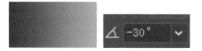

图 3-23

4 使用钢笔工具勾勒出头发轮廓填充渐变色块；为了让渐变符合头部明暗变化，需要对渐变角度进行调整，案例最终以 -30° 为最终参数（图3-23、图3-24）。

　　填充渐变色块后与眉毛部分步骤一样，从上方菜单栏处选择"效果"——"风格化"——"羽化"，调试后最终选择参数0.7mm（图3-25）。

图 3-25

渐变描边 A

渐变描边 B

渐变填充 A

渐变填充 B

3 在画板空白处新建渐变描边和渐变填充色块，以便在绘制头发时快速吸取颜色（图3-22）。Adobe Illustrator 绘图中通常都会提前建立好需要的色块，以便可以提高图稿着色效率。

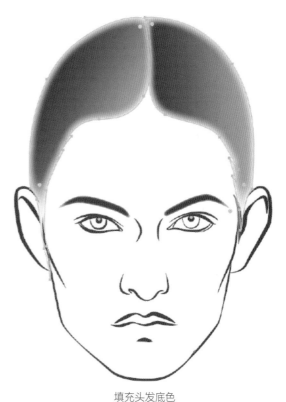

填充头发底色

图 3-24

图 3-26

增加碎发发绺

5 用不同粗细的线条可快速绘制碎发发绺。图例中除了最初的两块渐变底色是填充色块，其他碎发部分都是不同粗细的线条（图 3-26）。

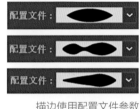

描边使用配置文件参数

挑选几缕碎发调整渐变角度，虽然只有两个渐变色为基础色，巧妙使用渐变角度和正片叠底也可以让画面层次更丰富（图 3-27）。

图 3-27

技巧发散

提示

当我们把线条的宽度加粗，其实就得到了一个色块，运用好这个小技巧可以灵活省力地画出目标图形（图 3-28）。例如把虚线加宽可以当作罗纹袖口和下摆。

相同线条的不同粗细形态

图 3-28

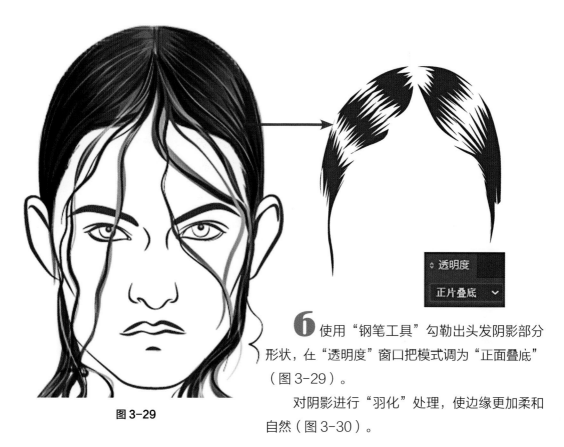

图 3-29

6 使用"钢笔工具"勾勒出头发阴影部分形状,在"透明度"窗口把模式调为"正面叠底"(图 3-29)。

对阴影进行"羽化"处理,使边缘更加柔和自然(图 3-30)。

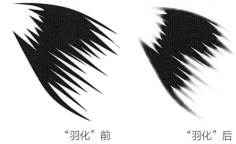

"羽化"前　　　　"羽化"后

图 3-30

图 3-31

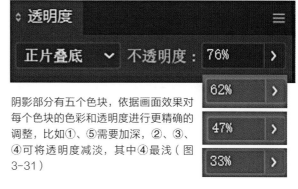

阴影部分有五个色块,依据画面效果对每个色块的色彩和透明度进行更精确的调整,比如①、⑤需要加深,②、③、④可将透明度减淡,其中④最浅(图 3-31)

逐步增加阴影层次

图 3-32

绘制高光时，使用浅色填充后降低图形透明度，高光部分不需要调整到"正片叠底"，使用"正常"模式即可（图 3-32、图 3-33）

图 3-33

叠加块面的阴影和高光后，用极细线条勾勒零碎发丝以丰富细节（图 3-34）

图 3-34

7 新建图层命名为"面部"，并将
图层拖动到"头发"图层下方，锁定"头发"
图层避免绘图干扰（图 3-35）。

图 3-35

画面空白处拖出两个矩形作为吸色色
标：浅色为皮肤底色，深色为阴影部分（轮
廓无填充色，图 3-36）。

图 3-36

图 3-37

图 3-38

8 根据脸部轮廓勾勒填色轮
廓，并填充浅肤色。用"钢笔工具"
勾勒出阴影部分轮廓，填充肤色后并
使用"透明度"窗口调整图层模式与
不透明度（图 3-37、图 3-38）。

图 3-39

阴影高光绘制完毕后，将脸部轮廓线条调整到更接近肤色的色调，约比阴影最深处深两个色度（图 3-39）。

9 依据面部结构增加阴影层次和高光；眼窝、鼻底、颧弓等部位颜色加深。眉骨、鼻梁、眼下方提亮。

图 3-40

结构感强的部分填色边缘更凌厉，羽化范围小，深浅对比强。上图只叠加了两层阴影＋一层高光，且阴影透明度较深（图 3-40）。

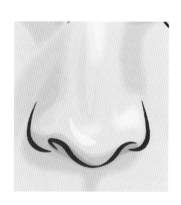

图 3-41

受光面或结构感不太强的影响，部分阴影边缘和层次比较柔和，适合使用多层低透明度叠加＋较大羽化。图中部分叠加了 4 层阴影，每层透明度为 20%～40%（图 3-41）。

眼睛刻画

10 依据妆容色调调整眼部轮廓色彩。

　　本案例妆容为蓝紫烟熏色调，边缘线调整为深蓝灰，如暖调妆容边缘线可调整为暖灰色（图 3-42）。

眼睛色板

图 3-42

填充眼珠底色（图 3-43）

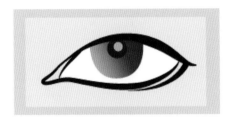

图 3-43

　　吸取色板中的颜色对眼珠填充，渐变底色要注意光源方向调整角度。

　　高光和渐变底色的不透明度调整为 75%。

勾勒瞳孔边缘（图 3-44）

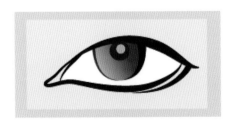

图 3-44

　　勾勒瞳孔边缘，两边边缘最好粗细不同。

增加瞳孔内部纹理（图 3-45）

图 3-45

增加瞳孔细节（图3-46、图3-47）

画一条细弧线

"效果"——"扭曲和变换"——"波纹效果"

调整颜色与透明度

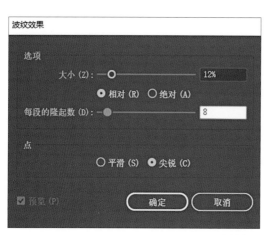

参数参考

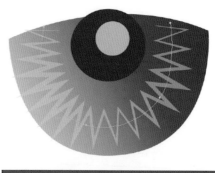

"描边"——"配置文件"调整线段形态

图3-46

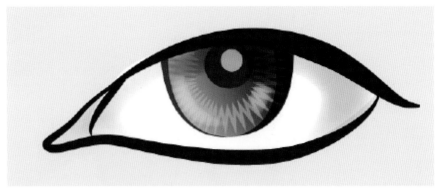

图3-47

瞳孔完整形态

补充阴影、高光

眼球被上眼皮包裹，受光照形成投影。瞳孔近似玻璃状，投射的阴影更深，眼白部分阴影更浅。眼白部分阴影注意阴影形态。投影的构成分为瞳孔和眼球的投影（图3-48）。

图3-48

眉毛部分叠加一层阴影增强眉部的体积感；在上下眼皮处画出蓝紫色眼影，使用"羽化"体现眼影晕染状态（图3-49）。

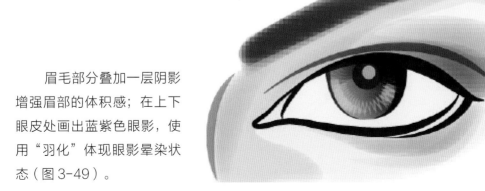

图3-49

眉心处增加少量毛绺细节；添加睫毛，睫毛注意粗细、长短错落（图3-50）。

图 3-50

使用镜像工具（快捷键"O"），对称复制出瞳孔、睫毛、眉心毛绺等，微调这些部件的位置，眼部绘制完成（图3-51、图3-52）。

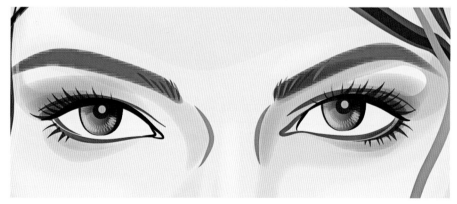

图 3-51

双眼完成形态

嘴部绘制

嘴部绘制步骤

图3-52

组合与调整

快速调整色彩（p42-44）

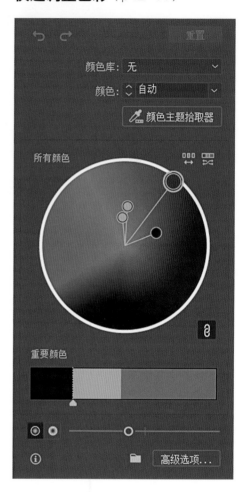

使用调整色彩方案能够快速调整发色、妆容、肤色等。图中两个案例使用了相同的五官，微调发型并更改发色与妆容（图3-53）。

图3-53

日常绘图练习累积的各个角度、各种特征的五官都可以作为绘图的素材（图3-54）。当拥有了充足的素材库，可以对不同的素材进行拼贴组合。

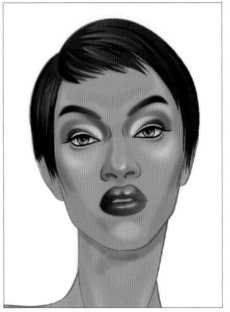

图 3-54

素材分组建议：

眉形：平眉、弯眉 、弓形眉等

瞳孔：浅瞳孔、深瞳孔、纹理明显型

唇形：薄唇、亚丰唇、非欧系丰唇等

Adobe Illustrator

不同材质的线条特点

04

图 4-1

　　不同的款式需要选择适配的服装面料，每种面料都有自身的特征属性（图 4-1）。柔软型面料一般较为轻薄、悬垂感好，造型线条光滑，服装轮廓自然舒展；挺括型面料线条清晰，有体量感，能形成丰满的服装轮廓。针对面料的薄厚、悬垂性、硬挺程度使用不同粗细、曲折、外观的线条，可以更加准确地表达效果图的款式形态。

软垂型面料

　　软垂型面料绘制时褶皱线条比较细长，方向基本顺着动作呈长条状，仅在手肘、膝盖等关节曲起时，在关节周围形成堆积褶（图4-2、图4-3）。

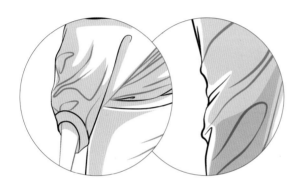

褶皱沿着步幅动态和重力因素，方向顺垂向下，线条是流畅平缓的长线条

软垂面料贴合身形、肩胛等骨骼点处线条，一般是贴着人体绘画的

图4-2

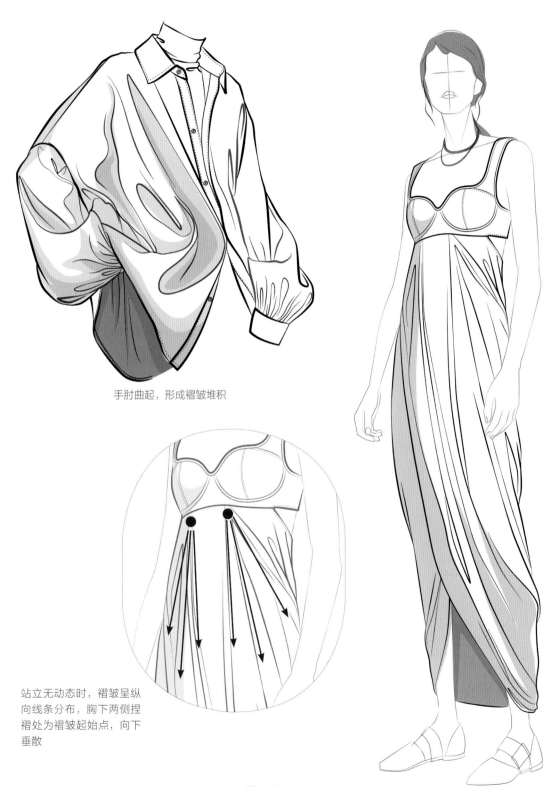

手肘曲起，形成褶皱堆积

站立无动态时，褶皱呈纵
向线条分布，胸下两侧捏
褶处为褶皱起始点，向下
垂散

图 4-3

挺阔型面料

　　挺阔型面料有骨感，绘制时线条更加利落干净（图4-4）。线段间没有细碎的波浪起伏，多为平顺的直线和曲线。合体廓型形成褶皱大多受外部施力（绑、扎、折等）影响，超大廓形才会形成多余的重力褶皱。

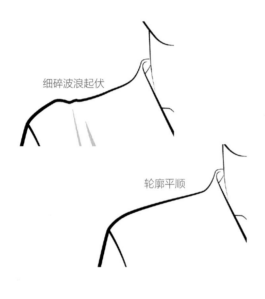

细碎波浪起伏

轮廓平顺

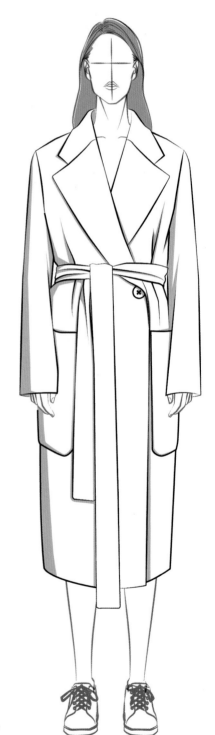

挺阔面料褶皱形成较少，褶皱形状也比较呆板直楞

图4-4

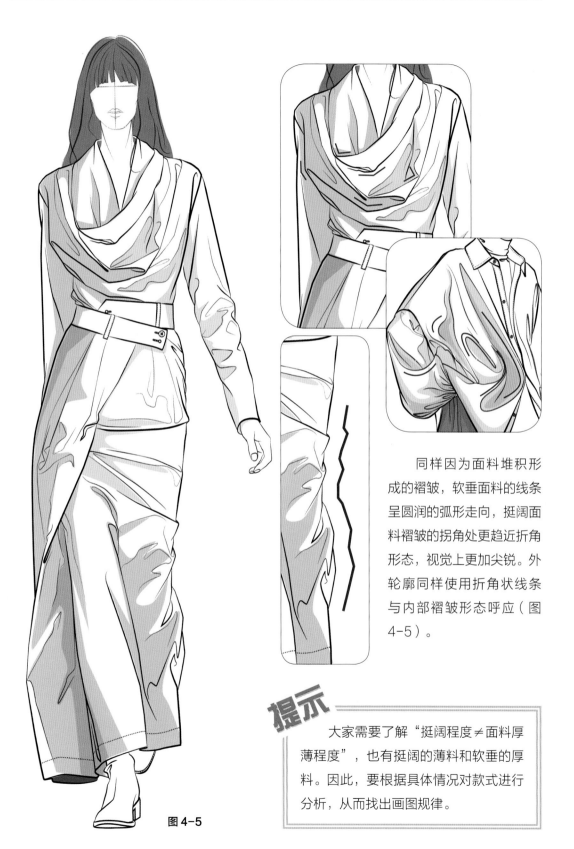

同样因为面料堆积形成的褶皱，软垂面料的线条呈圆润的弧形走向，挺阔面料褶皱的拐角处更趋近折角形态，视觉上更加尖锐。外轮廓同样使用折角状线条与内部褶皱形态呼应（图4-5）。

提示

大家需要了解"挺阔程度≠面料厚薄程度"，也有挺阔的薄料和软垂的厚料。因此，要根据具体情况对款式进行分析，从而找出画图规律。

图4-5

针织材质

　　针织材质一般分为针织面料和毛织品。光滑平整的针织面料和一般梭织面料绘制特点基本相同。薄针织可参照软垂面料方法绘制，空气层、双层卫衣料可参照挺阔面料方法绘制。以下主要介绍罗纹、绞花的绘制特点。

罗纹绘制

　　方法一：使用虚线绘制罗纹，只需要将虚线的粗细数值放大，就可以直接得到罗纹线条的效果，设定不同间距还可以得到 1*1、2*2、3*5 等各种罗纹效果（图 4-6）。该方法只适用于直线和 C 型弧线的罗纹，如袖口、下摆等。

常规虚线　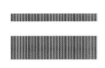

加粗效果

加粗效果

调整虚线间隙数值可以得到不同的罗纹效果

图 4-6

方法二: 使用混合工具绘制罗纹。

混合工具可以在两个不同外观、颜色路径中间, 建立自然的过渡效果。如图中线条 AB 和 CD, 线条长短、曲直、颜色都不相同（图4-7）。

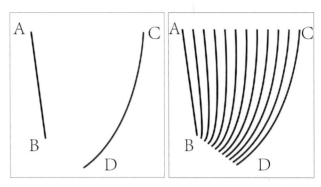

图 4-7

混合工具用法

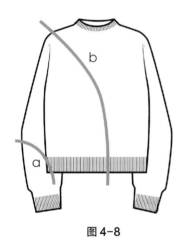

图 4-8

1 画出要混合的两端路径 a 和 b, 调整好粗细与颜色（图4-8）。

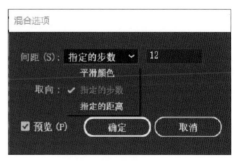

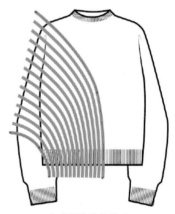

生成混合线条样式

图 4-10

图 4-9

2 调用混合工具（快捷键"W"）后, 鼠标移动到线条处, 上图光标出现时表示鼠标已经移动到位（图4-9）。之后, 单击线条 a 和 b。

3 单击线条 a 和 b 后, 按"回车"键调出"混合选项编辑框"; 选择"指定步数", 步数数值为多少, 则 a 和 b 中间插入多少根混合线条（图4-10）。

4 画出我们需要裁切的罗纹区域，即下图中的红线部分。大多数情况下很难直接用混合工具画出我们最终需要的形状，都需要搭配剪切蒙版裁出轮廓，因此一般混合工具的两端线条 a 和 b 都会刻意画得超出裁切范围（图 4-11）。

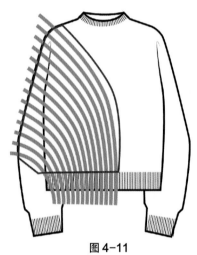

图 4-11

5 同时选中裁切形状和混合路径（要确保裁切的形状路径排列在混合路径的上方），右键选择"建立剪切蒙版"或直接用快捷键"Ctrl+7"（图 4-12）。

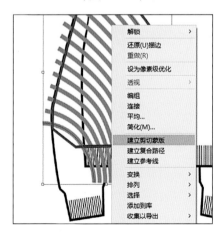

图 4-12

6 完成剪切蒙版的效果（图 4-13）。

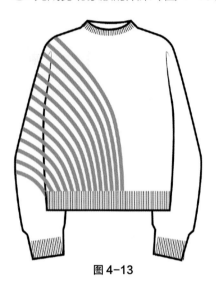

图 4-13

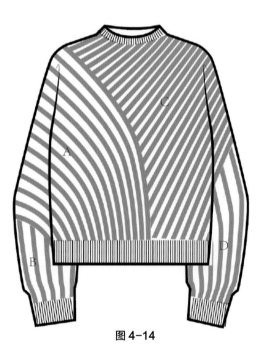

图 4-14

7 使用相同方法画出其他区域，可以得到丰富的肌理和图形变化。上图可以看作使用相同手法绘制了 A、B、C、D 四个裁剪形状，从而拼合成了一个完整款式（图 4-14）。

绞花效果（图4-15）

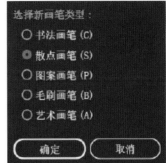

① 画出绞花的单元元素，并点击"Ctrl+G"群组

新建散点画笔

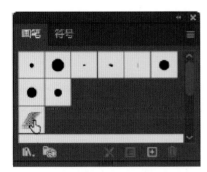

② 双击新建的画笔调出画笔编辑选框，调整画笔参数

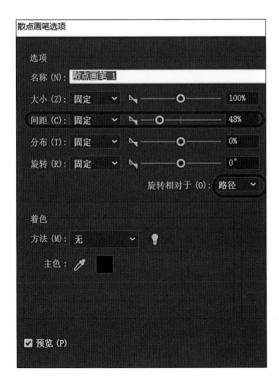

绘制一条路径，观察画笔参数

点击画笔选项（此时为默认画笔参数）

调整间距参数后

使用相同方法可以制作双绞花循环

图4-15

工具拓展

依据毛衫绞花建立"画笔"的步骤，我们可以绘制自己所需的各种条状素材，如细抽褶、松紧带、织带、花边、拉链纽扣等（图4-16）。网络上也有很多画笔素材可直接下载。

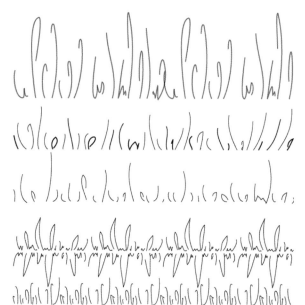

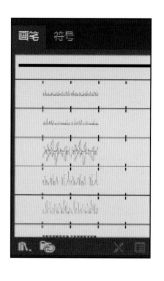

图4-16

褶皱绘制

　　抽褶、压褶、荷叶边等是服装设计中常见，并且应用广泛的装饰手法，各种各样的褶皱形成丰富的轮廓和线条肌理（图 4-17）。

图 4-17

抽褶（图4-18、图4-19）

侧边堆积褶：褶皱受到重力和肩部面料向上牵扯力共同作用，从而形成堆积状褶皱。其适合用回转型和钩状的短线条表现褶皱多方向受力的状态

绘制顺垂的多褶款式时，要注意面料的包裹关系和褶皱的流动方向。本案例中抽褶呈现从右上向左下的动态趋势，面料由外向内包裹

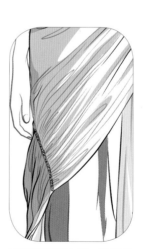

长垂状细碎抽褶，褶量多且延伸性好，适合用细而长的线条表示

图4-18

簇装抽褶：抽褶成簇状分布，可以将胸前抽褶的
整体部分分解成 7 组，每组边缘线条粗于内部细
碎褶皱

竖向垂褶经过腰部系带时，由于
系带向内收紧，因此系带处的线
条要画出内收的感觉

图 4-19

荷叶褶（垂褶）（图 4-20、图 4-21）

软垂面料荷叶褶特点：垂褶走势整体向下且廓形呈小 A 型，无支撑体量感

缎面包边的绘制手法：加宽描边，并将描边色彩调整为渐变填充

图 4-20

图4-21

荷叶褶（挺阔褶）（图4-22、图4-23）

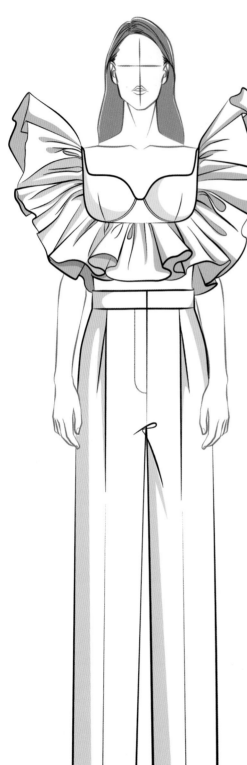

挺阔荷叶褶受重力影响小，褶皱向四周延伸，蓬度高，廓形感强

图4-22

软垂面料荷叶褶呈线形分布，
硬挺面料的收褶会形成回环型
褶皱，褶皱形态更丰富

图 4-23

压褶

压褶类款式轮廓尖锐，呈折角型，线条明确且有锋利感（图 4-24）。

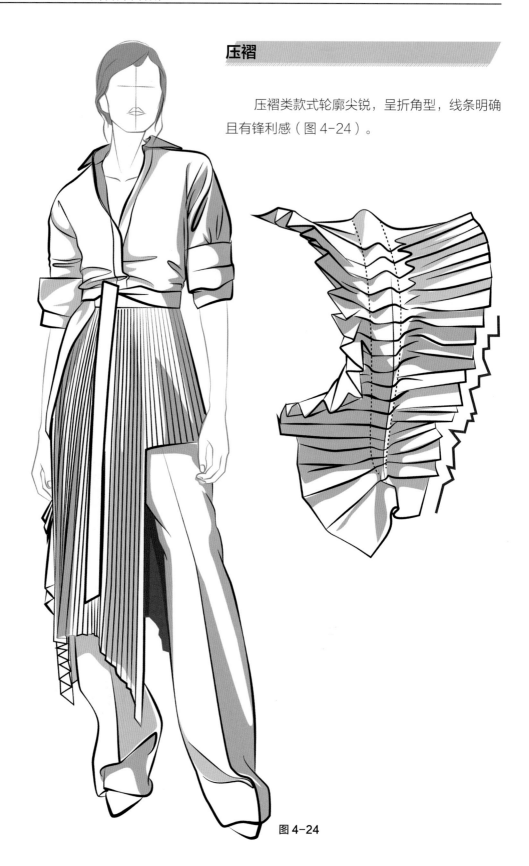

图 4-24

巧妙使用混合工具可快速绘制出百褶
效果。以图 4-25 为例，百褶裙因人体动
态而产生起伏效果，我们将整条裙子划分
成 11 个小块面，运用"线条＋混合工具"
对每个块面进行百褶绘制。这样既提升了
绘图效率，同时也可以保证画面的完成度。

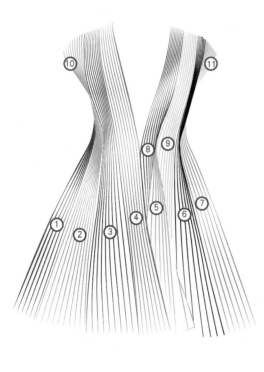

图 4-25

课后练习

1. 绘制正面或微侧人体动态线稿 + 填色（正立、走动均可）；

2. 绘制两套整体造型线稿（其中一款为褶皱款），可参考图 4-26、图 4-27；

3. 绘制一款毛衫款式图线稿（练习混合工具的使用，廓形可以是基础廓形）。

图 4-26

图 4-27

Adobe
Illustrator

面料填充与质感表现

05

  面料是用来制作服装的材料。随着技术的发展更替，面料的种类和外观也越加丰富。面料展现出丰富的色彩和表面肌理，塑造出丰富多变的外形轮廓。面料质感的描绘是时装效果图中非常重要的一环，面料质感的刻画程度影响着时装效果图整个画面的完整度和美观度。

  不同面料在薄厚程度、挺阔和顺垂、光泽感等方面有不同的特性。绘制面料时只有善于把握面料的特征才能准确呈现出时装的质感。

  本章将示范纱质、牛仔等几种典型面料的绘制方法（图5-1）。

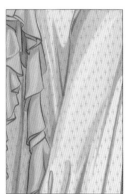

图5-1

纱质

平行绗缝线（图5-2）

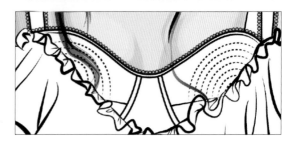

① 画出两端线条

混合工具（W）

② 使用"混合工具"（快捷键 W）建立混合，指定的步数为5

间距（S）：指定的步数　∨　5

☑ 虚线
5 pt　0 pt　0 pt

③ 在描边窗口中勾选"虚线"

④ 调整"配置文件"选择合适描边形状

配置文件：

图5-2

蕾丝花边（图 5-3）

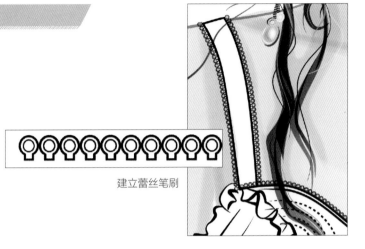

建立蕾丝笔刷

水平居中对齐

垂直居中对齐

① 按住"Shift"键画出两个正圆，外圈描边粗，内圈描边细。同时选中两个正圆，在上方菜单栏中找到并单击"水平居中对齐"和"垂直居中对齐"

水平居中对齐

② 绘制一个矩形，描边宽度与外圈一致，同时选中三个路径后单击"水平居中对齐"

③ 选中外圈与矩形路径，从"窗口"中调出"路径查找器"，单击形状模式中第一个"联集"

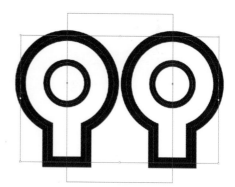

④ 将单个花边单元"Ctrl+G"群组，
并按住"Alt"拖动复制一个

⑤ 绘制一个矩形，填充和描边均为"无"，
矩形左右两边分别经过两个花边图案的中轴
线，且位于最顶层

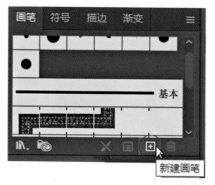

⑥ 全选两个花边单元与矩形，在"画笔"窗口中点击"新建画笔"

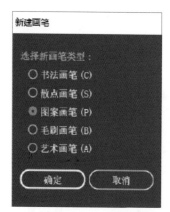

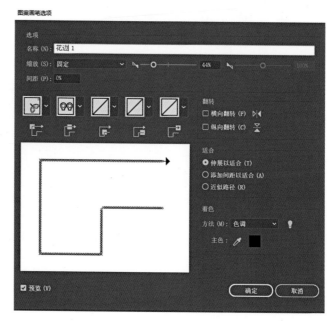

选择"图案画笔"选项，确定后
弹出"图案画笔选项"编辑栏，
将画笔命名为"花边 1"，点击
确定即可

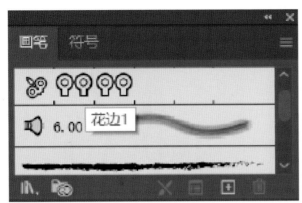

建立完成的画笔将显示在"画笔"窗口中

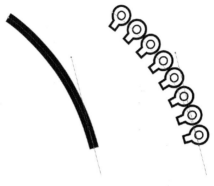

⑦ 使用"钢笔"工具绘制出路径后，单击对应画笔就可以将当前路径从普通实线变换成画笔图形样式

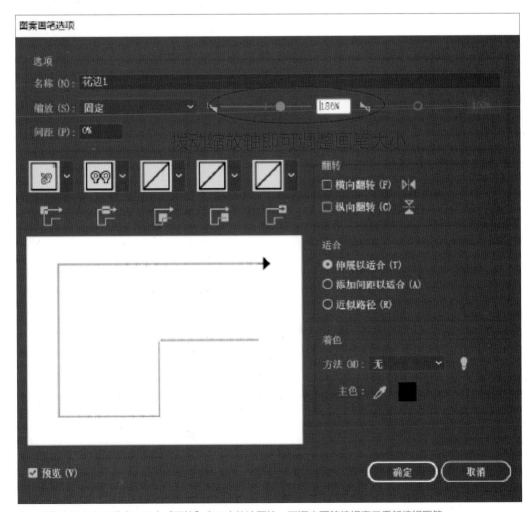

如果对花边的大小不满意，双击"画笔"窗口中的该画笔，可调出画笔编辑窗口重新编辑画笔

图 5-3

图层顺序（图5-4）

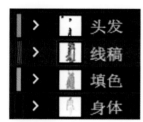

填色图层中描
出右侧填色路
径，并填充浅
粉色

图 5-4

制作填充图案（图5-5）

 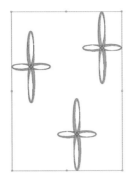

① 绘制四个椭圆，组成单个图案，"Ctrl+G"群组

② 拖动复制几个图案，并调整图案位置（凭感觉做基本调整，后期建立图案后再精准调整，全选所有图案直接拖到"色板"窗口中即可生成填充图案

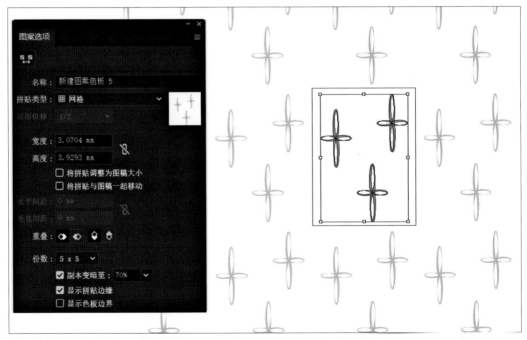

③ 双击色板中的图案图标，会弹出上图编辑界面，蓝色线框部分表示一个单元格；画板中显示的为该填色图案平铺铺满后的画面情况，此时可以用鼠标拖动蓝框内的图形，以调整图案位置

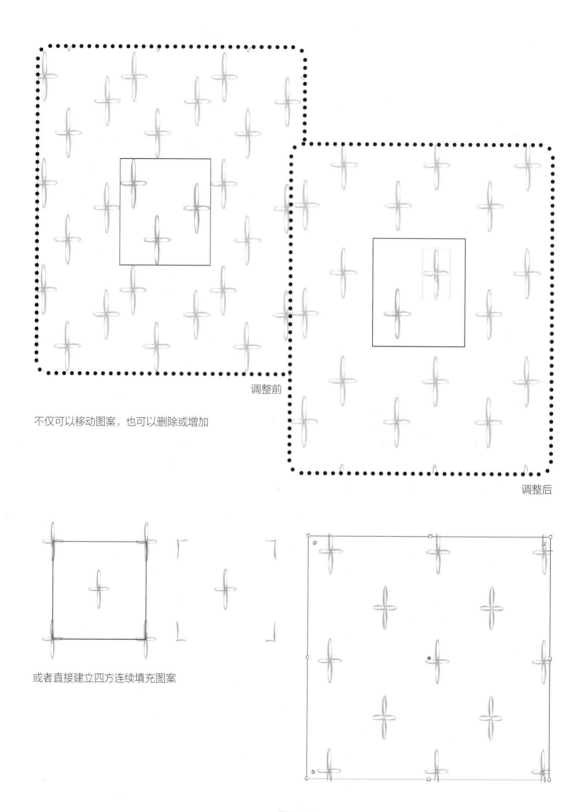

调整前

不仅可以移动图案，也可以删除或增加

调整后

或者直接建立四方连续填充图案

图 5-5

填充图案的缩放

菜单栏"编辑"——"首选项"——"常规"——变换图案拼贴（图5-6）。

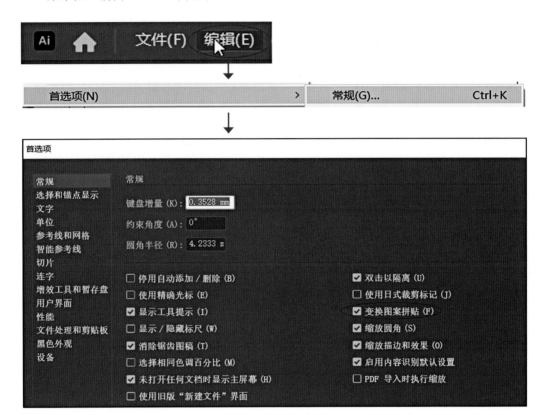

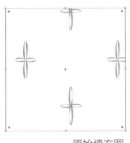

原始填充图

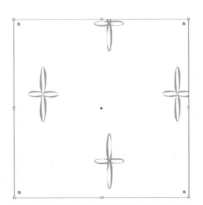

勾选"变换图案拼贴"，放大图形时，
内部填充图案同比放大

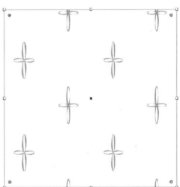

未勾选"变换图案拼贴"，放大图形时，
内部填充图案大小不变，填充密度增大

图5-6

深入刻画

1 勾勒并填充淡粉色区域，再复制一份淡粉区域后，填充花纹图案（图5-7）。

※ 可以选择一层底色＋一层图案叠加的方式，也可以在添加定义图案时就填充图案底色。分层叠加更便于后期色彩调整。

图 5-7

2 调整填充色的透明度，使用"透明度"工具可以快速体现纱质面料的半透明质感（图5-8）。

图5-8

依据深浅可将阴影分成浅、中、深三个层次，层次越多画面越丰富（图5-9）。

图5-9

3 将轮廓线调整得更接近服装本色，并增加阴影（图5-10）。

图5-10

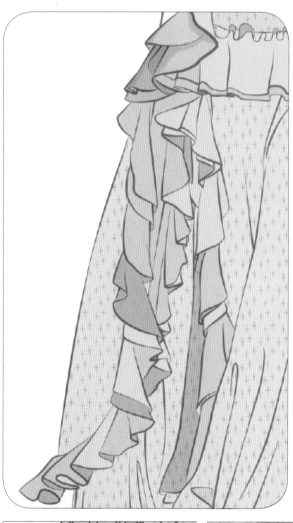

4 本款效果图中有大量荷叶边装饰部分，线条交错形成了很多细碎的块面。要将这些区块填充阴影明暗层次，按照每一块单独勾勒要耗费大量时间，因此可以采用"实时上色"工具快速填充。

① 将效果图线稿部分复制一份

② "Ctrl+G"群组

③ "Ctrl+Alt+X"实时上色建立
（菜单栏"对象"——"实时上色"——"建立"）

"实时上色"建立后，描边将恢复成粗细没有变化的实线，将描边改为无色。每一个合并的区块现在都可以吸取颜色后（快捷键"I"），使用上色工具（快捷键"K"）快速上色（图5-11）。

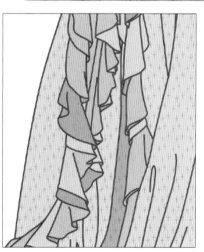
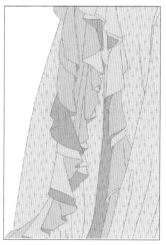
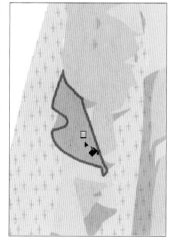

图 5-11

叠加阴影层次，丰富画面细节

5 根据作者自身的喜好
调整画面色彩，深化阴影层次，
添加高光等（图 5-12）。

图 5-12

牛仔

制作牛仔纹理填充图案

绘制一个方形，填充浅灰色（图5-13）。

※ 如果想直接制作彩色牛仔，填充彩色时也可直接填充成彩色矩形，制作成浅灰色的肌理图案可以与各种颜色叠加，便于后续其他作品绘图。

1 选中方形点击菜单栏"效果"——"艺术效果"——"胶片颗粒"。

"颗粒"数值越大，颗粒效果明暗对比越明显，面料表面效果越粗犷（图5-14）。

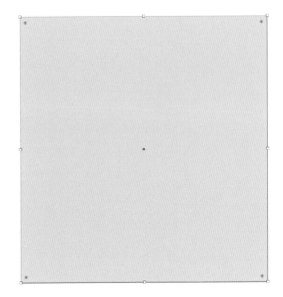

图5-13

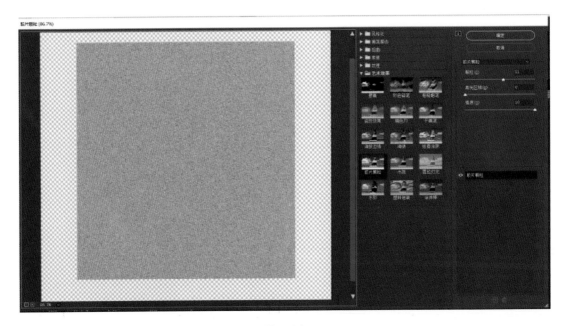

图5-14

2 选中方形点击菜单栏"效果"——"艺术效果"——"粗糙蜡笔"。

数值可以以图中为参考，结合自己想要的效果滑动调节杆调整数值，"纹理"选择"画布"（图5-15）。

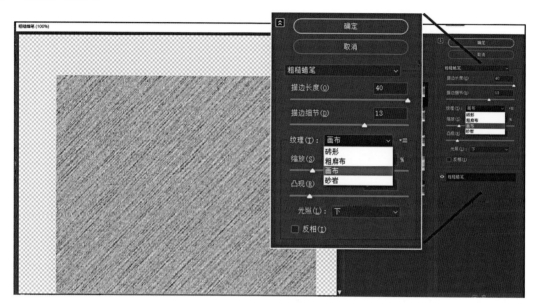

图5-15

3 生成的图案经过处理后可以看作一个由无数像素组成的复杂矢量图形。如果直接使用，每一次进行放大、缩小、移动等动作都需要耗费大量内存，重新进行后台处理，容易拖慢制图进度并造成死机。建议所有图案处理好都导出，并储存为jpg图片作为图案素材，或进行"栅格化"处理（图5-16）。

选中图形点击菜单栏"对象"——"栅格化"——"确定"

图5-16

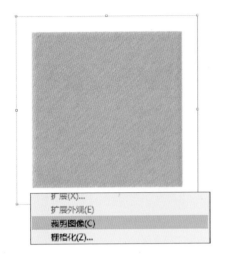

图 5-17

"栅格化"处理后，图形可能会产生一圈白边，点击菜单栏"对象"——"裁剪图像"可裁切多余白边部分（图 5-17）。

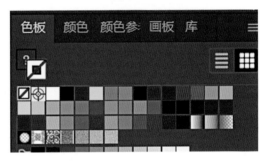

4 裁剪后直接拖入"色板"中即可生成填充图案（图 5-18）。

图 5-18

图案变换拓展 1

图 5-19

复制一份图案，执行"变换"——"镜像"，将两个图案完全重合，并将上层图形改为"正面叠底"（也可以尝试不同的图形模式），"Ctrl+G"群组两个图层后拖入"色板"，生成新图案（图 5-19）。

图案变换拓展 2

1 将原始图案旋转 45°，在顶层绘制一个方形，并同时选中两个图形，执行"Ctrl+7"建立剪辑蒙版（图 5-20）。

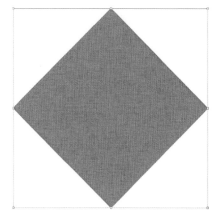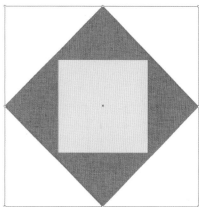

图 5-20

2 剪辑后获得垂直向牛仔花纹，选中图形点击菜单栏"对象"——"拓展"（图 5-21），最后将拓展后的图形拖入"色板"即可。

图 5-21

3 叠加不同色彩后可获得各种颜色的牛仔布料（图 5-22）。

图 5-22

图 5-23

绘制线稿

上半身款式略宽松，有褶皱堆叠，线条变化丰富。下半身为合体裤型，基本顺着人体结构描绘，仅在裆部、裤脚形成褶皱（图 5-23~图 5-32）。

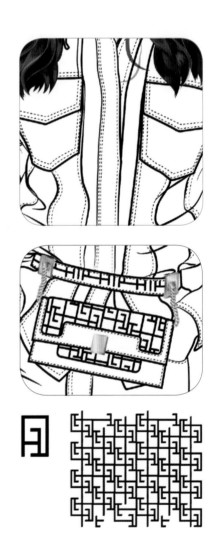

牛仔款式大多有明显双线装饰。包包和腰带为重复图案，先绘制单个图案，再进行排列组合，然后将图案剪切后，放置于合适位置。

① 沿线稿外轮廓描出底色，填充轮廓

② 填充轮廓底色后，发现线稿内部一些镂空部分也被填充颜色（红色线框部分）

③ 同时选中底色和红色线框，调出"路径查找器"窗口，点击"减去顶层"图标

最终填色效果

图 5-24

将牛仔肌理的图形模式改为"叠加"

⑤ 复制出一份底色，填充牛仔面料肌
理(色板中添加的牛仔布料填充图案)

④ 填充底色后，将底色复制一层

⑥ 图层顺序：底色在下，
牛仔肌理在上层，将底色
与牛仔布料肌理完全重合

图 5-25

⑦ 将打底、包包、鞋子等底色填充完毕

⑧ 调整描边颜色，调为更接近牛仔调的深蓝灰色

图 5-26

水洗白边效果

牛仔面料拼接部分经过水洗工艺呈现褪色白边

转化前　　　　转化后

① 只需要将单一的描边线条转化成填充色彩的双线即可；如：将一根只有描边的线条转化为有轮廓，也有填充的细长形态的填充图形

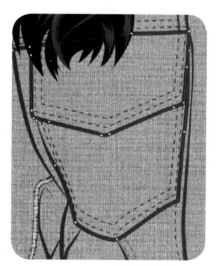

② 选中要转换的线条

③ 执行"对象"——"路径"——"轮廓化描边"

图 5-27

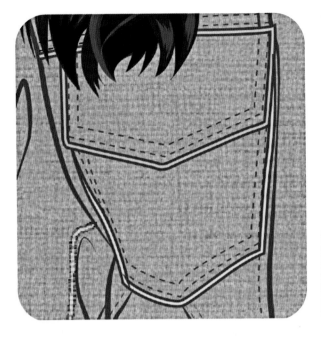

④ 轮廓化描边后，调整填充与描边颜色，并根据画面需求调整轮廓粗细，此处将原有描边 1pt 调整为 0.5pt

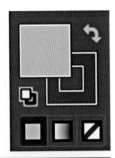

⑤ 还可对图形进行进一步肌理处理，点击菜单栏中"效果"——"纹理"——"纹理化"

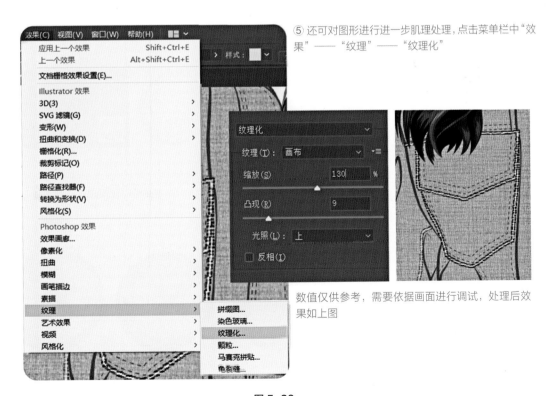

数值仅供参考，需要依据画面进行调试，处理后效果如上图

图 5-28

① 长按"矩形工具"调出拓展菜单，选择"圆角矩形工具"

② 绘制细长圆角矩形后勾选"虚线"，调整描边粗细与虚线间隙，即可完成扣眼绘制

③ 绘制两个圆形并填充金属渐变色，两个圆形渐变方向角度不一致

④ 叠放两个圆形，轻微错位

⑤ 绘制一个略小一些的渐变圆形，填充浅色金属渐变，图形模式改为强光

⑥ 浅色渐变叠放在深色圆形渐变上层，绘制四个深棕色圆形孔芯与十字缝线，最后添加扣眼于最底层

图 5-29

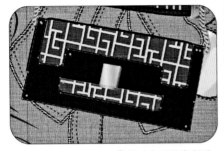

① 选中包袋黑色部分　② 单击上方菜单栏"效果"——"艺术效果"——"塑料包装"

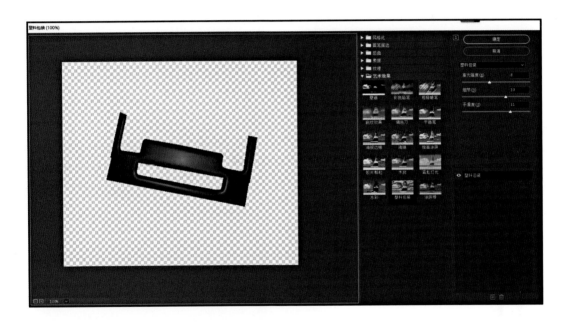

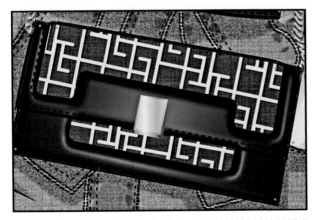

③ 选中"塑料包装"后出现效果编辑界面，滑动右上方数值杠杆可以改变效果具体形态；左侧视窗可对效果进行预览，也可点击中间的效果库，直接更换效果选项，与Photoshop滤镜库原理基本相同

通过"效果"选项编辑可快速绘制出皮革质感

图 5-30

压线处斑驳细节绘制方法

① 绘制线条，勾选"虚线"并将虚线间距调整为粗细错落的形态

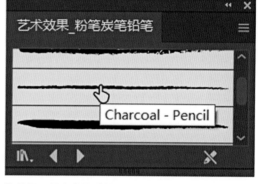

② 选择画笔库中的"艺术效果 _ 粉笔炭笔铅笔"——"Charcoal-Pencil"画笔，单击可将画笔添加至"画笔"窗口工具栏中（具体作画时可以根据自身喜好选择画笔）

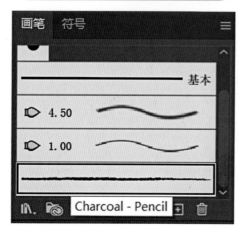

添加画笔后，画笔在窗口中显示

③ 选中要更改的线条后，单击"画笔"中的"Charcoal - Pencil"即可改变线条形态，最后依据画面可再适当调整线条描边粗细

图 5-31

添加阴影和高光，调整画面，完成绘制

图 5-32

晕染花纹

　　晕染花纹需要使用液化滤镜，适合在 Photoshop 中先完成图案，储存成 jpg 或 png 文件后，再在 Adobe Illustrator 中进行填充剪切（图 5-33、图 5-34）。

用画笔绘制一些粗细不同的笔触，随意绘制即可

提示　建议每涂抹两三笔调整笔刷大小，从头到尾使用相同尺寸笔刷容易导致画面呆板。

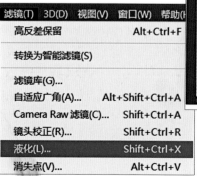

滤镜(T)	3D(D)	视图(V)	窗口(W)	帮助(H
高反差保留				Alt+Ctrl+F
转换为智能滤镜(S)				
滤镜库(G)...				
自适应广角(A)...				Alt+Shift+Ctrl+A
Camera Raw 滤镜(C)...				Shift+Ctrl+A
镜头校正(R)...				Shift+Ctrl+R
液化(L)...				Shift+Ctrl+X
消失点(V)...				Alt+Ctrl+V

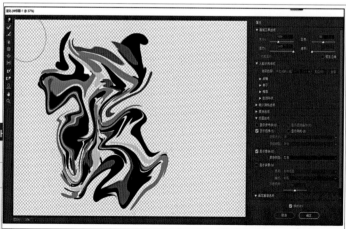

点击 Photoshop 软件上方菜单栏的"滤镜"——"液化"，调出液化窗口，使用鼠标随意涂抹

图 5-33

完成涂抹并添加一层底色

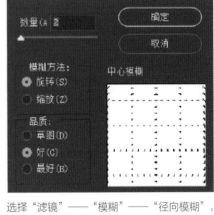

选择"滤镜"——"模糊"——"径向模糊"，可以参考上述参数（鼠标在右下角的"中心模糊"视窗内拖动可以改变变换中心）

图 5-34

绘制线稿

使用工具：钢笔工具

　　根据前面章节中的绘制线稿教程，依据款式选择合适的描边轮廓（图5-35～图5-41）。

　　外轮廓使用粗线条强调，内轮廓使用细线条勾勒，画面疏密错落，效果更丰富。

图 5-35

① 新建图层命名为"填充"，并置于"线稿"图
层下方，依据线稿勾勒出纯色面料填充部分（图
中红色线框指示部分）

② 填充色为深蓝色，颜色与线稿色彩相近难以看
清描边细节，建议将深色色块中的所有线条调整
成灰色（其他深色款式操作同理）

图 5-36

方法一：对三个区块分别进行图案填充，需要复制出三个底层图案，分别建立三个剪辑蒙版。

③ 勾勒出剩余填充晕染图案的部分，上图红色线框内表示填充范围，如图可以看出需要填充的几个区块相互离散，并非相连整体

图 5-37

方法二：建立"复合路径"，同时对所有区块建立剪辑蒙版。

① 选中所有要填充的区块，点击顶端菜单栏"对象"——"复合路径"——"建立"

图 5-38

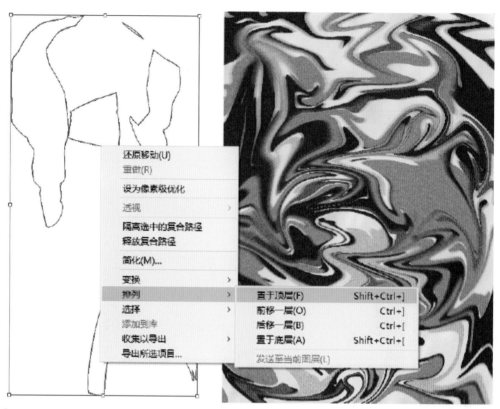

② 建立复合路径后，将提前制作好的 jpg 图案拖入绘图界面，将复合路径置于图案上方；选中路径——右键——"排列"——"置于顶层"

③ 调整复合路径与底层图案的位置，调整完毕后单击右键——"建立剪切蒙版"（快捷键：选中路径与图案直接点击"Ctrl+7"）

图 5-39

调整图案深浅（不透明度）；
添加阴影与高光，丰富明暗层次；
不断调整线条与色彩

图 5-40

根据画面需要，不断调整画面关系

随着画面进一步深入，线条的粗细与深浅也需要不断调整，最终画面中填充部分的线条从黑色调整为更贴近图案的深蓝灰，一些阴影部分的勾线加粗后也可以更好地与阴影部分融合

光泽感材质，高光窄而长，与暗部转折靠近且走向一致，使用加粗线条可直接快速勾勒出高光部分

图 5-41

提示 **导入 jpg、png 等格式图片的注意事项**

所有 jpg、png 等格式的图片置入 Adobe Illustrator 软件后，必须点击菜单栏上方的"嵌入"按钮（图 5-42）。

执行"嵌入"后，表示图片被"完整放置"到 Adobe

图 5-42

Illustrator 文件当中，Adobe Illustrator 文件在其他电脑中打开，图片依然存在。如未执行"嵌入"，一旦删除 / 移动文件夹内的原始图片或更换电脑，Adobe Illustrator 中的图片将缺失不见。

提示 **案例示范讲解**

将电脑"文件夹 1"中的图片拖入 Adobe Illustrator 软件，复制图片后，一份执行"嵌入"操作，一份不"嵌入"（图 5-43）。

删除"文件夹 1"中的原始图片——重新打开 Adobe Illustrator 文件。

重启后，执行嵌入操作的图片正常显示，不受"文件夹 1"中的原图影响，未执行嵌入操作的图片因为文件夹中的原图删除而随之消失不见（图 5-44）。

图案已嵌入   图案未嵌入

图 5-43

 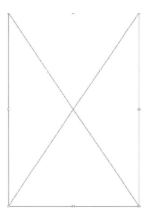

图 5-44

渐变渲染

1 绘制出需要填充渐变
的轮廓，这里以矩形为示范案
例，建议先将后续所需的几种
晕染色提前制作好色标，方便
后期快速吸取颜色（图5-45）。

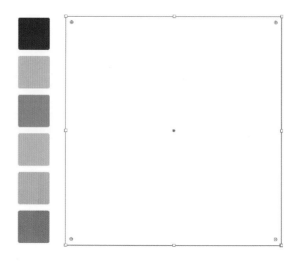

图 5-45

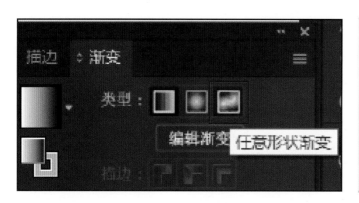

图 5-46

2 从菜单栏"窗口"中调出"渐变"窗口，选中矩形后单击"任意形状渐变"图标，此
时矩形四周出现四个空心圆点（点击渐变图标后，矩形会自动填充当前系统默认渐变色，后续
要重新编辑渐变当前填充的颜色随系统即可，无需在意，图 5-46）。

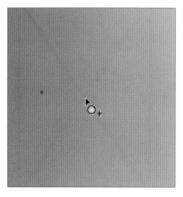

左一

左二

单击"任意形状渐变"
后，拖动鼠标放在目标路径
上方，指针显示左一图中形
态，选好指针位置后单击该
处，指针变成左二图中形态
（图5-47）。

图 5-47

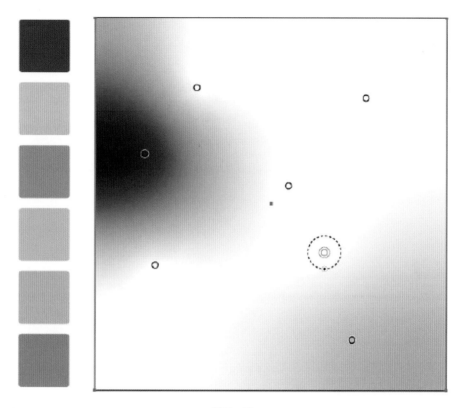

图 5-48

3 在图中任意位置都可以添加渐变锚点，使用"直接选择工具"（快捷键"A"）选中渐变锚点后可以拖动锚点，单击"Delete"键可删除渐变锚点（图 5-48）。

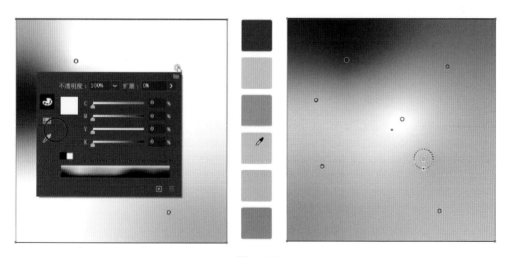

图 5-49

4 双击渐变锚点即可编辑该处颜色，选择吸管拾色器可直接吸取画面中的色块（图 5-49）。

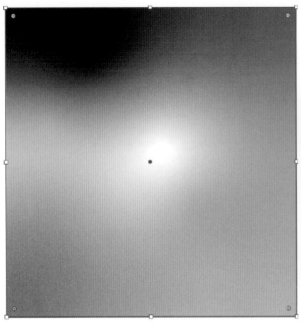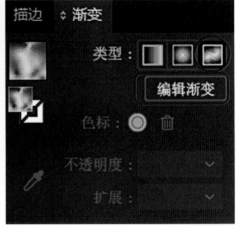

图 5-50

5 误触画板空白处导致退出渐变编辑界面，只需要重新选中需要编辑的路径，点击"渐变"窗口——"任意渐变"——"编辑渐变"，即可重新编辑（图 5-50、图 5-51）。

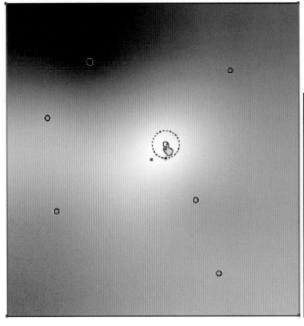

图 5-51   重新进入渐变编辑界面

绘制线稿

（图5-52～图5-55）

图5-52

填充渐变

① 勾勒填充轮廓（上图红色线框内）—— 勾勒
完毕，将填充图层移至线稿图层下方——使用"渐
变填充"在路径内添加渐变填充锚点

② 依据画面需求填充，并调整
各渐变锚点的色彩与分布位置

图5-53

效果(C)　视图(V)　窗口(W)　帮助(H)

应用上一个效果　　　　　　Shift+Ctrl+E
上一个效果　　　　　　　Alt+Shift+Ctrl+E

文档栅格效果设置(E)...

Illustrator 效果
3D(3)
SVG 滤镜(G)
变形(W)
扭曲和变换(D)
栅格化(R)...
裁剪标记(O)
路径(P)
路径查找器(F)
转换为形状(V)
风格化(S)

Photoshop 效果
效果画廊...
像素化
扭曲
模糊　　　　　　　　　　径向模糊...
画笔描边　　　　　　　　特殊模糊...
素描　　　　　　　　　　高斯模糊...
纹理
艺术效果
视频
风格化

高斯模糊

半径 (R)：　●　　44.053　像素

☑ 预览 (P)　　确定　　取消

③ 渐变填充后的色彩分布不能完全满足要求，可以在需要调整的部位勾勒出调整填充的形状轮廓，填充后使用"效果"——"模糊"——"高斯模糊"——调整数值（勾选预览）——"确定"，以此对画面进行补充修饰

图 5-54

添加阴影、高光

渐变晕染款式使用
纯色线条勾边，画
面比较呆板生硬，
根据款式特点使用
渐变色表现轮廓线，
能够更好地与填充
色彩融合

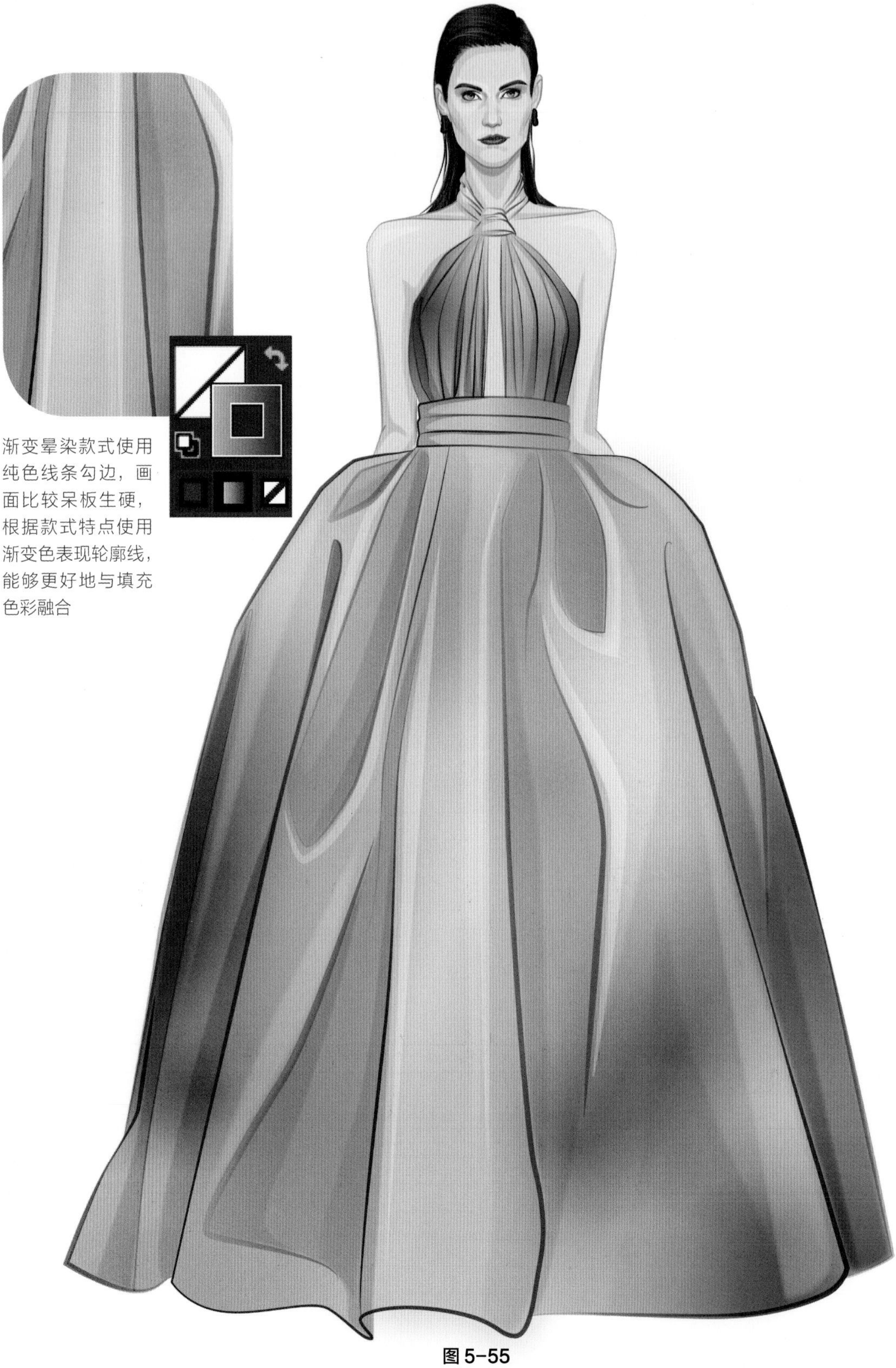

图 5-55

亮片材质

绘制线稿

（图 5-56 ～图 5-60）

图 5-56

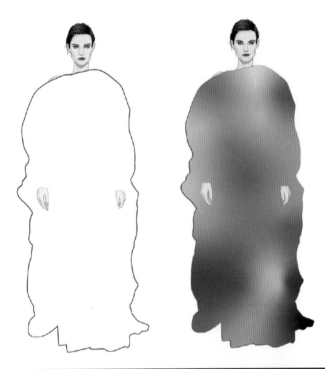

① 在线稿图层下方新建填充图层，勾勒填色轮廓，参照渐变晕染效果案例进行任意渐变填充。在空白处复制一份，渐变填充路径后续叠加使用

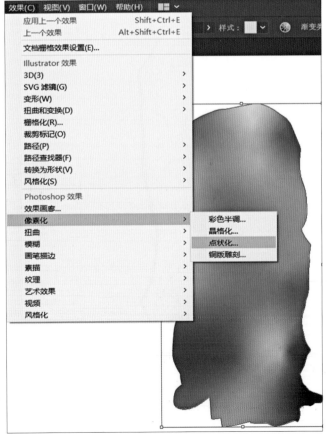

② 共有两个任意渐变路径，两个路径均执行"效果"——"像素化"——"点状化"，具体参数如下：
底层路径
单元格大小数值：10
上层路径
单元格大小数值：6
（数值仅供参考，需依据建立文件大小与画面需求自行调整）

图 5-57

上层路径
透明度模式：强光
不透明度：约 70%

下层路径
透明度模式：正常
不透明度：100%

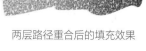

两层路径重合后的填充效果

图 5-58

根据画面调整轮廓线粗细与颜色

亮部线条减淡

绘制明暗对比强烈的
款式，可以使用同色
调不同深浅度的线条

暗部线条加深

添加阴影

图 5-59

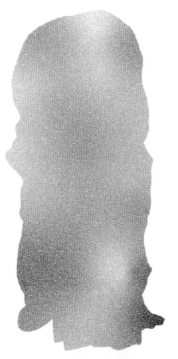

最终效果

透明度模式：强光
不透明度：约 80%

在最上方新建"最终叠加"图
层，将填充图层中的上层点状
化填充路径（强光模式不变，
不透明度改为 80% 左右，数值
越大，叠加后颜色越鲜艳），
复制后原位粘贴（Ctrl+F）至"最
终叠加"图层

图 5-60

毛皮与亮钻

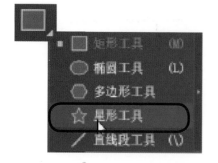

绘制完成的 30 角星型

图 5-61

1 长按"矩形工具"调出下拉菜单，单击选择"星形工具"在画板空白处单击鼠标，调出数值编辑框，角点数输入 30（半径无需调整，绘出星形后，拖动鼠标调整大小即可，图 5-61）。

2 切换"直接选择工具"（快捷键"A"），全选星形所有锚点，此时每个尖角处均显示红色圆形角标，鼠标靠近圆形角标，单击左键不松开向圆心内部拖动，将尖角变换为圆角（图 5-62）。

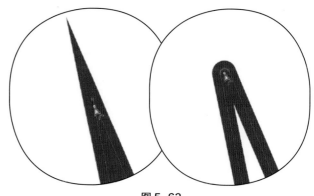

图 5-62

图 5-63

间距：指定步数
数值：50

图 5-64

3 按住"Alt"键，拖动鼠标向上复制一个星形，将上方星星描边颜色调浅一度（图 5-63）。

切换至"混合工具"（快捷键"W"），分别单击两个星形，单击后调出混合选项编辑栏（图 5-64）。（当鼠标靠近星形且光标切换为右下角"*"标时，才执行单击动作。）

提示

星形建立混合路径时，建议单击的位置一致，如下图建立混合时先单击 a 点角位再单击对应相同位置的 A 点处（图 5-65）。

图 5-65

随意点击两端星形路径点位，由于路径形态复制会出现不同的混合形态。

图 5-66

4 全选混合路径——"效果"——"扭曲和变换"——"扭拧"——勾选"预览"并拖动杠杆，完成毛绒形态（图 5-66）。

叠加变换效果

膨胀效果

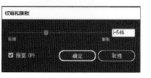
收缩效果

图 5-67

5 还可在毛绒效果基础形态的基础上叠加"效果"——"扭曲和变换"——"收缩和膨胀"。膨胀效果更有绒球质感，收缩效果更类似顺毛长毛皮草（图5-67）。

菜单栏"对象"——"栅格化",背景选择"透明"

图 5-68

6 毛绒效果由数十个复杂路径组合成,形态复杂,每次对其进行变换、移动等操作,占用内存过大,软件容易崩溃,建议完成毛绒效果后将图形进行栅格化处理,转成位图(图5-68)。

栅格化后,变为一张透明背景的位图,选择工具选中时,原有路径指示消失

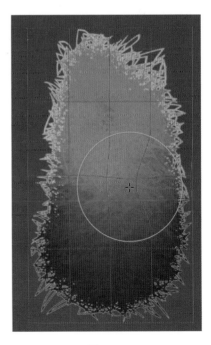

7 选中图片点击工具栏的"变形工具"(如工具栏无变形工具,参照前方操作工具介绍章节)。切换为变形工具后出现网格框,使用鼠标对图片进行涂抹可进一步调整图案形态(图5-69)。

图 5-69

绘制线稿

　　本案例成品效果服装部分
被大量亮钻装饰点缀，衣身部
分线稿简单勾勒即可，皮草部
分简单勾勒出皮草分布位置的
轮廓形状，简单填色标示即可
（图 5-70 ~ 图 5-74）。

图 5-70

衣身填充色块

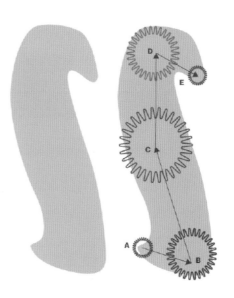

① 根据皮毛区块走势绘制大小不同的多角星型，绘制时需要注意皮毛的层次关系，上方的皮草 D、E 遮盖下方 A、B、C，所以绘制星形的顺序由下至上（A-E）。

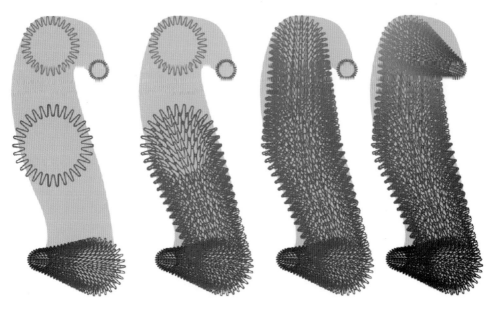

② 逐步建立混合，星形的描边色彩要根据毛皮的阴影深浅，图示部分 D 位于亮部颜色最浅，A 处于暗部颜色最深；这样建立混合的时候才有深浅变化，能够绘制出有明暗层次的皮毛效果

图 5-71

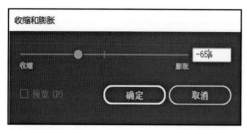

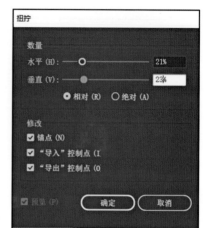

③ 选中混合路径执行"效果"——"扭曲和变换"——
"收缩和膨胀";再次选中路径执行"效果"——
"扭曲和变换"——"扭拧"

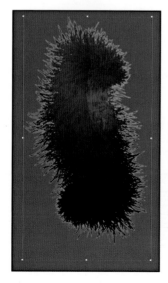
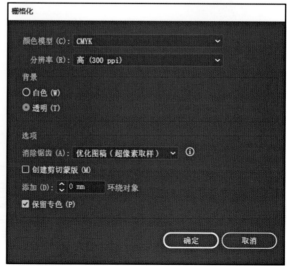

选中路径"对象"——"栅格化",背景选择"透明"

图 5-72

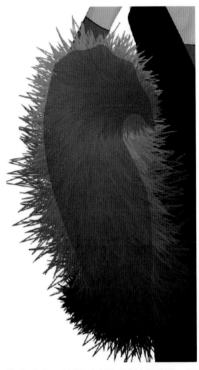

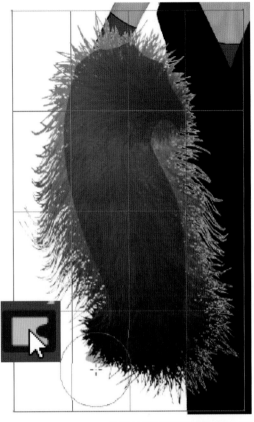

④ 栅格化后的图形移至毛皮绘图位置，原始勾勒的参考灰色轮廓可放置于最顶层，降低图形透明度后"Ctrl+2"锁定该路径，用作变形参照物

使用变形工具图片调整皮草轮廓

⑤ 完成形状调整后，还可使用"编辑"——"编辑颜色"——"调整色彩平衡"，对图形进行色彩调整，色彩调整后还可以复制图形，稍作位移让两型图形不要完全重合，调整顶层图形的"透明模式"，案例中使用"柔光"模式

图 5-73

皮草效果完成

图 5-74

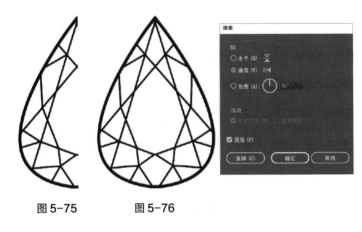

图 5-75   图 5-76

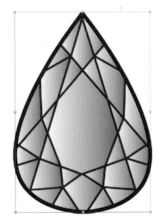

图 5-77

绘制钻石元素

1 使用"钢笔工具"绘制半边钻石线稿（图 5-75）。

对称复制出另一半，"选择工具"（快捷键"V"）选中图形，切换快捷键"O"，回车调出编辑框选择"垂直"并勾选复制（图 5-76）。

2 全选图形，点击上方菜单栏"对象"——"实时上色"——"建立"，将图形变为实时上色图形。将颜色填充为灰白渐变，实时上色图形建立以后，每一个区块都是独立的渐变填色（图 5-77）。

3 进一步调整渐变色彩与角度，案例中将角度调整为45°，最后将描边调整为白色，完成钻石绘制（图 5-78）。

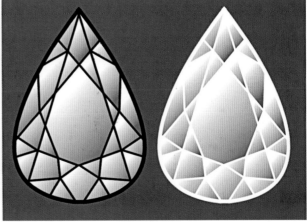

图 5-78

图 5-79

图 5-80

图 5-81

　　其他形状的水钻也可以使用相同方法进行绘制（图5-79）。

　　用绘制的钻石元素搭配出不同的装饰组合（图5-80）。

　　按住"Alt"键拖动复制组合的钻饰，调整分布位置、大小，保证装饰错落分布。空位可以点缀单个碎钻。注意钻石装饰在皮草层次下方，部分钻石被皮草遮挡（图5-81）。

图 5-82

添加项链与背景，完成画面（图 5-82）。

粗花呢料

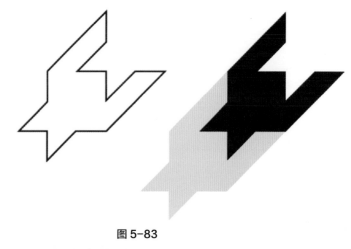

千鸟格面料制作方法

1 使用方形与直角三角形组合出千鸟格图案的基础图形，复制一份后按左图排列方式排列，一个填充黑色，一个填充浅灰色（图5-83）。

图 5-83

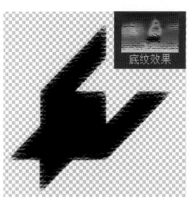

图 5-84

2 "Ctrl+G"群组两个图形，执行"效果"——"艺术效果"——"底纹效果"，参数可参考上图，具体还需依据自身绘图需求调整（图5-84）。

图 5-85

3 继续添加滤镜，"效果"——"艺术效果"——"粗糙蜡笔"（图5-85）。

4 选中编组后的千鸟格图案，点击上方菜单栏"对象"——"图案"——"建立"，建立图案选项（直接将图案拖动添加至"颜色"面板也可建立图案，图5-86）。

对象(O)		
图案(E)	>	建立(M)
混合(B)	>	编辑图案(P) Shift+Ctrl+F8
封套扭曲(V)	>	拼贴边缘颜色(T)...

图5-86

图5-87

5 单击"建立"后，软件界面如上图显示，出现左侧图案选项编辑栏与右侧平铺图案预览，图中蓝色方框可用于图案的循环范围、排列距离。默认状态下蓝框不可移动，但可以变换图案的位置、大小，调整图案循环排列。单击上图圈选的"图案拼贴工具"后可激活蓝色方框，进而调整方框的大小（图5-87）。

预览视图随着图形变化而变化，可以时刻看到图形全幅平铺的衔接情况（图5-88）。

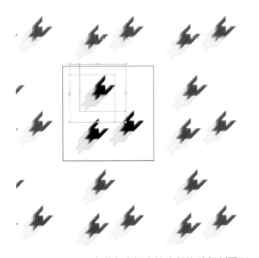

在蓝色方框内缩小并拖动复制图形

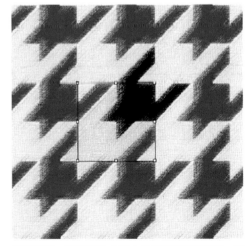

图案不变，调整蓝色方框（方框可编辑状态下，四周有空心锚点）

图5-88

常规格纹粗花呢面料制作方法

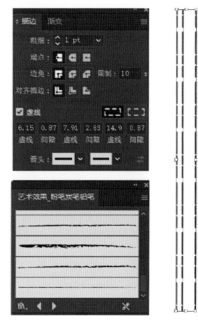
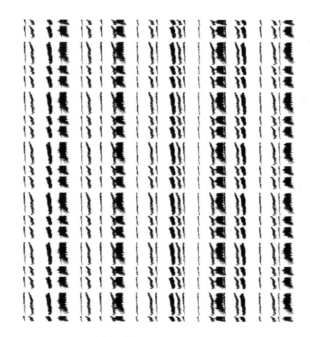

图 5-89

1 画一条直线路径，调整为间距错落的虚线；使用"画笔"工具变换路径形态；粗糙毛纺效果可以使用画笔库中的"粉笔炭笔铅笔"类目；拖动复制路径，并调整线条粗细、间距（图5-89）。

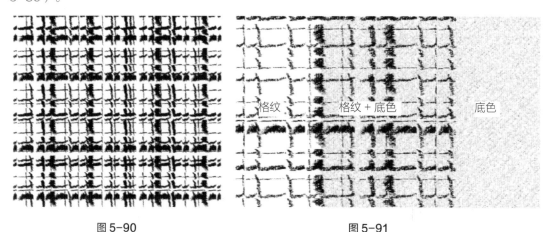

图 5-90　　　　　　　　　　　图 5-91

2 复制并旋转 90° 即可得到格纹粗花呢（图 5-90）。

也可如千鸟格面料一样叠加滤镜库进一步丰富画面，还可以叠加底色，图示中底色部分：

① 填充浅灰色后——"效果"——"像素化"——"点状化"；

② "效果"——"艺术效果"——"粗糙蜡笔"（图 5-91）。

对象(O)	文字(T)	选择(S)	效果(C)	视图(
变换(T)				>
排列(A)				>
对齐(A)				>
编组(G)			Ctrl+G	
取消编组(U)			Shift+Ctrl+G	
锁定(L)				>
全部解锁(K)			Alt+Ctrl+2	
隐藏(H)				>
显示全部			Alt+Ctrl+3	
扩展(X)...				
扩展外观(E)				

图 5-92

线状路径

可填充颜色的形状路径

填色效果

3 选中路径，执行"对象"——"扩展外观"，可将画笔路径转换成可填充颜色的形状路径，填充不同色彩后，可绘制花色纱线的粗花呢效果（图5-92）。

4 图案绘制完成，同前文步骤建立图案（图5-93）。

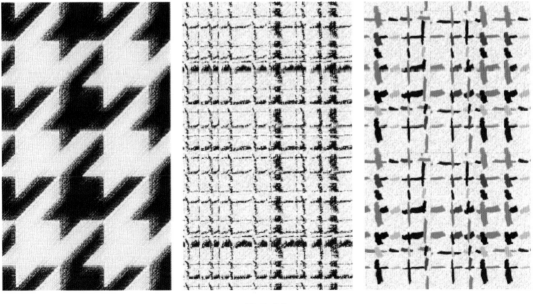

图 5-93

绘制线稿

（图 5-94 ~ 图 5-100）

图 5-94

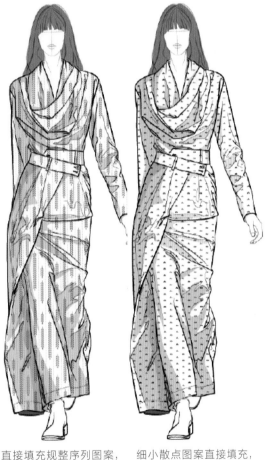

勾勒出填色区块

　　该款式案例中有三种不同图案，步行动态使服装顺人体呈现扭曲、堆叠等形态，不同部位的图案排列方向也不尽相同，勾勒区块时最好将填充区域分块填充，如图 5-95 标注每种颜色代表不同填色区块，一共分成 7 个填充块面。

直接填充规整序列图案，
画面呆板没有动感

细小散点图案直接填充，
效果不受影响

图 5-95　　　　　　　　　　　　　　　　　　　图 5-96

提示

　　千鸟格、格纹、条纹等序列规整，方向性明确的图案不建议建立复合路径一次性填充，细小的散点图形或不规则图案使用复合路径则不影响画面效果，同时还能提高绘图效率。

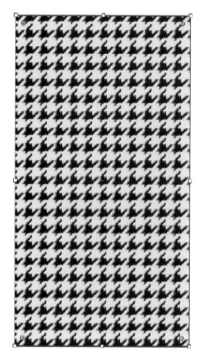

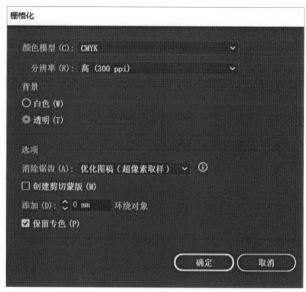

① 拖动绘制一个矩形并填充干鸟格图案，执行"对象"——"栅格化"

② 调整图案角度，让图案角度贴近面料走向

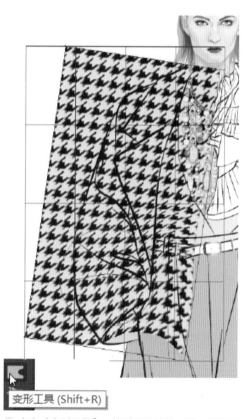

③ 点击"变形工具"，拖动鼠标涂抹，进一步调整图案（图片"栅格化"处理后才可以使用变形工具）

图 5-97

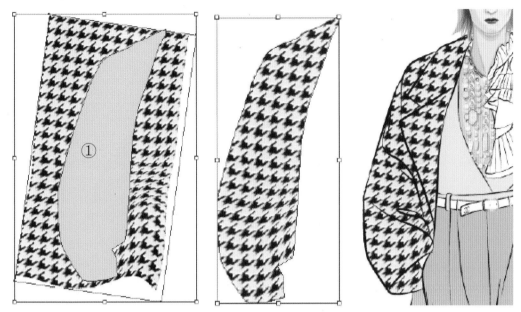

④ 调整好的千鸟格置于填充区块①下方，同时选中两个路径，快捷键"Ctrl+7"剪切蒙版

图 5-98

图 5-99

使用相同步骤完成其他填充区块

最终效果

添加阴影，完成最终效果

图 5-100

丝绒材质

绘制线稿

（图 5-101 ~ 图 5-105）

① 勾勒填色区块，填充基础底色；丝绒材质光泽感强，底色适合使用渐变色

图 5-101

② 选择紫色渐变填充区域，单击菜单栏"效果"——"艺术效果"——"涂抹棒"

图 5-102

③ 新建"阴影"图层，根据结构绘制阴影轮廓。为方便理解，图示中隐藏填色部分，仅显示阴影图层效果

褶皱堆叠处，光影界线明确，阴影高斯模糊数值小

片状阴影过渡柔和，高斯模糊数值大

图 5-103

高斯模糊虚化后

半径数值越大，图形虚化越明显

④ 丝绒材质的阴影与高光部分都具有以下特
点：边界虚化；呈细腻的点状喷洒效果。
选中所有阴影部分——单击上方菜单栏"效
果"，数值可参考上图

⑤ 阴影部分透明度调整为"正片叠底"

图 5-104

最终效果

　　添加高光部分，选择所有高光，执行"效果"——"艺术效果"——"胶片颗粒"。

　　阴影与高光由于光影明暗的不同，不同部位透明度、深浅都需调整变化，切忌所有阴影或高光深浅相同。

图 5-105

Adobe
Illustrator

作品欣赏

06

图6-1   CHEN Yanjingting

廓形简单，印花突出的款式适合用扁平化风格展现（图6-1）。

图6-2   Sasha Ignatiadou

扁平风格可呈现多样的画面效果，强调画面的图案性，可有趣、可怪异、可抽象（图6-2~
图6-4）。

图6-3   Sasha Ignatiadou

图6-4   Marion Ben-Lisa

图 6-5　　　　　　　　　　　　　Arunas Kacinskas

使用不同于实物本质的色彩，让画面更有视觉冲击（图 6-5）。

图6-6　　　　　　　　　　　　　　　　　　　　　　　　Petra Eriksson

使用色块表面画面，弱化线条，不使用描边，强调轮廓感（图6-6）。

图 6-7

Rokas Aleliunas

同一作者、相同色彩构成方式结合不同的塑形风格，也可呈现不同的画面效果（图 6-7~图 6-17）。

图6-8　　　　　　　　　　　　Rokas Aleliunas

图 6-9

Rokas Aleliunas

图6-10　　　　　　　　　　　　　　　　　　　Erin Dwi Azmi

图 6-11　　　　　　　　　　　　　　　　　　Erin Dwi Azmi

图 6-12

Viktoria Cichoń

图 6-13

Viktoria Cichoń

图6-14   Sibel Balac

图6-15   Sibel Bala

图 6-16

CHEN Yanjingting

图6-17

CHEN Yanjingting